W0257015

Lehrstuhl für

Werkzeugmaschinen und Betriebswissenschaften

der Technischen Universität München

Computerunterstützte Planung von chirurgischen Eingriffen in der Orthopädie

Johann Prasch

Vollständiger Abdruck der von der Fakultät für Maschinenwesen

der Technischen Universität München zur Erlangung

des akademischen Grades eines

Doktor-Ingenieurs

genehmigten Dissertation.

Vorsitzender:	Univ.-Prof. Dr. rer. nat. H. Schmidtke
1. Prüfer:	Univ -Prof. Dr.-Ing. J. Milberg
2. Prüfer:	Univ.-Prof. Dr.-Ing. J. Heinzl
3. Prüfer:	apl. Prof. Dr. med. habil. Dr.-Ing. M. Ungethüm

Die Dissertation wurde am 1.12.1989 bei der Technischen Universität München

eingereicht und durch die Fakultät

für Maschinenwesen am 6.2.1990 angenommen.

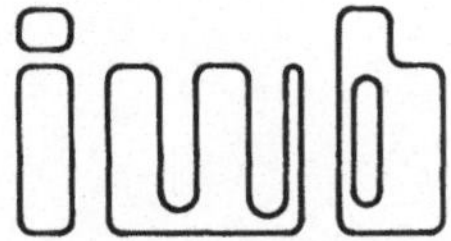

Forschungsberichte · Band 27

Berichte aus dem
Institut für Werkzeugmaschinen
und Betriebswissenschaften
der Technischen Universität München

Herausgeber: Prof. Dr.-Ing. J. Milberg

Johann Prasch

Computerunterstützte Planung von chirurgischen Eingriffen in der Orthopädie

Mit 113 Abbildungen

Springer-Verlag
Berlin Heidelberg New York
London Paris Tokyo Hong Kong 1990

Dipl.-Ing. Johann Prasch
Institut für Werkzeugmaschinen und Betriebswissenschaften (iwb), München

Dr.-Ing. J. Milberg
o. Professor an der Technischen Universität München
Institut für Werkzeugmaschinen und Betriebswissenschaften (iwb), München

D 91

ISBN-13: 978-3-540-52543-1   e-ISBN-13: 978-3-642-47845-1
DOI: 10.1007/978-3-642-47845-1

Heidelberg 1990

Geleitwort des Herausgebers

Die Verbesserung der Fertigungsmaschinen, der Fertigungsverfahren und der Fertigungsorganisation zur Steigerung der Produktivität und Verringerung der Fertigungskosten ist eine ständige Aufgabe der Produktionstechnik. Die Situation in der Produktionstechnik ist durch abnehmende Fertigungslosgrößen und zunehmende Personalkosten sowie durch eine unzureichende Nutzung der Produktionsanlagen geprägt. Neben den Forderungen nach einer Verbesserung der Mengenleistung und der Arbeitsgenauigkeit gewinnt die Steigerung der Flexibilität von Fertigungsmaschinen und Fertigungsabläufen immer mehr an Bedeutung. In zunehmendem Maße werden Programme, Einrichtungen und Anlagen für rechnergestützte und flexibel automatisierte Produktionsabläufe entwickelt.

Ziel der Forschungsarbeiten am Institut für Werkzeugmaschinen und Betriebswissenschaften der Technischen Universität München (iwb) ist die weitere Verbesserung der Fertigungsmittel und Fertigungsverfahren im Hinblick auf eine Optimierung der Arbeitsgenauigkeit und Mengenleistung der Fertigungssysteme. Dabei stehen Fragen der anforderungsgerechten Maschinenauslegung sowie der optimalen Prozeßführung im Vordergrund. Ein weiterer Schwerpunkt ist die Entwicklung fortgeschrittener Produktionsstrukturen und die Erarbeitung von Konzepten für die Automatisierung des Auftragsdurchlaufs. Das Ziel ist eine Integration der technischen Auftragsabwicklung von der Konstruktion bis zur Montage.

Die im Rahmen dieser Buchreihe erscheinenden Bände stammen thematisch aus den Forschungsbereichen des iwb: Fertigungsverfahren, Werkzeugmaschinen, Fertigungsautomatisierung und Montageautomatisierung. In ihnen werden neue Ergebnisse und Erkenntnisse aus der praxisnahen Forschung des iwb veröffentlicht. Diese Buchreihe soll dazu beitragen, den Wissenstransfer zwischen dem Hochschulbereich und dem Anwender in der Praxis zu verbessern.

Joachim Milberg

Vorwort

Die vorliegende Dissertation entstand während meiner Tätigkeit als wissenschaftlicher Mitarbeiter am Institut für Werkzeugmaschinen und Betriebswissenschaften (iwb) der Technischen Universität München.

Besonders danken möchte ich Herrn Prof. Dr.-Ing. J. Milberg, dem Leiter des Instituts, der mir die Bearbeitung der Thematik ermöglichte und durch kritische Anregungen und wertvolle Hinweise meine Arbeit stets wohlwollend unterstützte.

Herrn Prof. Dr.-Ing. J. Heinzl, dem Inhaber des Lehrstuhls für Feingerätebau und Getriebelehre der Technischen Universität München, danke ich für die Übernahme des Koreferats und die kritische Durchsicht der Arbeit.

Desweiteren danke ich Herrn Prof. Dr. med. habil. Dr.-Ing. M. Ungethüm für die Übernahme des zweiten Koreferats und für das meiner Arbeit entgegengebrachte Interesse sowie die weiterführenden Gedanken.

Schließlich möchte ich mich bei allen Mitarbeiterinnen und Mitarbeitern des Instituts sowie allen Studenten, die mich bei der Erstellung der Arbeit unterstützt haben, recht herzlich bedanken.

München, im März 1990   *Johann Prasch*

Inhaltsverzeichnis

1. Einleitung, Stand der Technik, Zielsetzung

1.1 Einleitung

Die Orthopädie ist die Lehre von der Entstehung, Verhütung und Behandlung der angeborenen oder erworbenen Fehler in der Funktion des Bewegungsapparates [2.1]. Das Hauptgebiet der orthopädischen Chirurgie sind Operationen an Knochen und Gelenken.

In der Orthopädie spielen die geometrischen Verhältnisse des Bewegungsapparates eine große Rolle. Fehlstellungen sind oft Ursache von Abnutzungserscheinungen in Gelenken infolge von Überbeanspruchung bestimmter Gelenkbereiche. Die Beseitigung solcher Fehlstellungen oder deren Auswirkungen ist häufig Anlaß orthopädischer Operationen. Solche Eingriffe werden häufig am Hüftgelenk notwendig, um Schmerzen, die auf Grund einer Inkongruenz der Gelenkflächen entstehen, zu beseitigen [2.4].

Für eine exakte Diagnosestellung steht das Verfahren der Computertomographie (CT) zur Verfügung. Dieses Verfahren liefert Bilder von Körperschichten, wodurch ein untersuchtes Körpergebiet mit mehreren Aufnahmen dreidimensional erfaßt werden kann. Bislang blieb es dem untersuchenden Arzt überlassen, sich aus den zweidimensionalen Bildern einen Überblick der dreidimensionalen Verhältnisse zu verschaffen. Da dies jedoch ein hohes Maß an räumlichem Vorstellungsvermögen erfordert, wurden verschiedene Verfahren entworfen, die dem Arzt die Aufgabe durch dreidimensionale Computergraphik erleichtern [1.1].

Bestehende Systeme zur dreidimensionalen Visualisierung von CT- untersuchten Körperregionen erlauben nur eingeschränkte Möglichkeiten zur dreidimensionalen Eingriffsplanung z.B. durch Entfernen von Volumenteilen aus der dargestellten Ansicht oder Trennen von Objekten durch vorgegebene Ebenen. Besonders bei orthopädischen Eingriffen wird vielfach eine Veränderung der Geometrie von Knochenstrukturen beabsichtigt. Dabei erfolgt trotz der verbesserten digitalen Diagnoseverfahren eine Planung von Therapiemaßnahmen nicht unter Verwendung des gesamten Informationsgehalts der aufgenommenen Daten. Vielmehr ist das Vorgehen bei der Planung im klinischen Betrieb häufig durch die Erfassung zweidimensionaler Befunde unter Verwendung von CT-Schichtaufnahmen oder Röntgenbildern gekennzeichnet [2.9], da mit be-

1

stehenden Systemen keine vollständige dreidimensionale Planung durchgeführt werden kann. Da durch die zweidimensionale Methode keine dreidimensionalen Gegebenheiten berücksichtigt werden können, ist die Planung entsprechend ungenau. Voraussetzung eines Eingriffs stellt jedoch eine umfassende Planung dar, wobei sich die Planungsqualität auf das Operationsergebnis auswirkt [1.20].

Für die Durchführung einer Therapiemaßnahme muß das in der präoperativen Planung ermittelte Vorgehen auf die realen intraoperativen Gegebenheiten übertragen werden. Um Positionen für einen Eingriff zu lokalisieren, muß sich der ausführende Arzt dabei an Körpermerkmalen des Patienten orientieren, wodurch Erfahrung und räumliches Vorstellungsvermögen des Arztes für die Qualität des Eingriffs eine große Bedeutung gewinnen. Die Ausführung eines Eingriffs selbst ist ebenfalls wesentlich von manuellen Fähigkeiten des Arztes abhängig [2.10]. Eine konsequente Verwendung der Daten, die bei der Untersuchung im CT mit hoher Genauigkeit ermittelt wurden sowie der in der Planung gewonnenen Erkenntnisse ist dadurch nicht möglich. Einfache Hilfsmittel, wie Winkelmesser oder Lehren, werden eingesetzt, um Richtungsvorgaben bei Eingriffen am Objekt besser einhalten zu können [1.24].

Durch den Einsatz flexibler und präziser Handhabungsautomaten sind exemplarisch Möglichkeiten einer computergestützten Operationsdurchführung aufgezeigt worden [1.18]. Die Vorgehensweise ist allerdings an einschränkende Randbedingungen gebunden, die einer Verallgemeinerung der Methode entgegenstehen.

Zusammenfassend kann man festhalten, daß trotz dreidimensionaler digitaler Objekterfassung in der Diagnose nur eine unvollständige Planung von Therapiemaßnahmen unter Verwertung dreidimensionaler Informationen erfolgt. Eine Umsetzung der in Diagnose und Planung gewonnenen Ergebnisse mit erhöhter Genauigkeit als es dem Arzt möglich ist, wird im allgemeinen nicht durchgeführt.

Gefordert sind daher Methoden und Hilfsmittel, die eine durchgängige Rechnerunterstützung im Behandlungsprozeß von der Diagnose über die Therapieplanung bis zur Therapiedurchführung ermöglichen, um dadurch eine weitgehende Ausschöpfung einmal gewonnener Informationen zu erreichen.

1.2 Stand der Technik

1.2.1 Dreidimensionale Rekonstruktion

Um den Arzt bei der Interpretation der aufgenommenen CT-Daten unterstützen zu können, wurden verschiedene Methoden entwickelt. Dazu werden Daten interessierender Objekte aus den Schichtinformationen zu dreidimensionalen Modellen aufbereitet und am Graphikbildschirm visualisiert. Die hierfür zur Anwendung kommenden Verfahren werden allgemein unter dem Begriff der dreidimensionale Rekonstruktion zusammengefaßt. Dabei können zwei wesentliche Vorgehensweisen unterschieden werden.

Volumenmodelle entstehen durch Zusammenfassung aller Schichtbilder zu einem kubischen Datenvolumen, das sich aus elementaren Volumenelementen aufbauen läßt [1.1][1.2]. Oberflächenmodelle können aus Konturen interessierender Objekte gebildet werden. Die Konturen werden aus den Schichtaufnahmen ermittelt und durch Polygone untereinander verbunden. Allgemein werden Dreiecke als elementare Polygone verwendet [1.3]. Während bei der Volumenmodellierung die Erfassung darzustellender Oberflächen und die Entwicklung geeigneter Visualisierungstechniken Ziel der Forschung ist, stehen bei der Flächenmodellierung Probleme der Zuordnung zu verbindender Konturen, der Erzeugung von Verzweigungen und die sinnvolle Bestimmung von Dreieckstrukturen im Vordergrund.

Ein weiterer Unterschied zwischen Oberflächen- und Volumendarstellung besteht in der Datenreduktion der ursprünglichen CT-Daten. Da bei Oberflächenverfahren nur Daten der Oberfläche gespeichert werden müssen, kann eine wesentliche Verminderung des Datenvolumens erreicht werden, wodurch der Aufwand bei Drehung und Translation der Objekte zur Veränderung der Betrachtungsrichtung auf das Objekt sehr viel kleiner ist. Die für den Bereich des CAD entwickelten Visualisierungtechniken können mit derartigen Strukturen angewendet werden. Volumenverfahren verzichten dagegen auf die Datenreduktion und berechnen die jeweils aus jedem Blickwinkel sichtbaren Volumenelemente. Dabei werden Volumenelemente unter bzw. hinter der sichtbaren Oberfläche rechnerisch mitbehandelt, sind aber in der Darstellung unsichtbar. Eine Einteilung der bekannten Rekonstruktionsverfahren ist in Bild 1.1 vorgenommen.

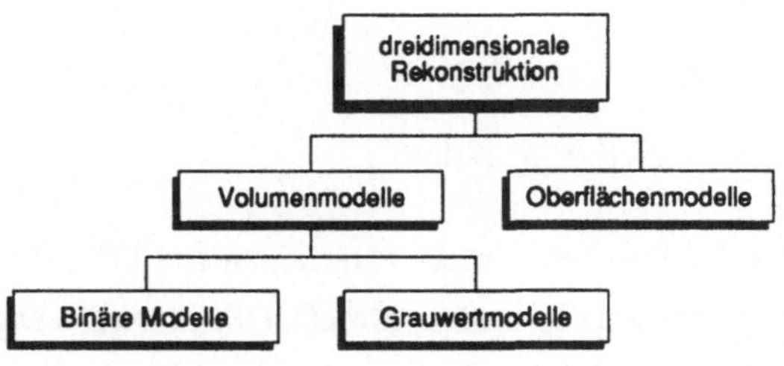

Bild 1.1 Einteilung der Rekonstruktionsverfahren

Bei der Volumenmodellierung werden alle Bildelemente bzw. Pixel auf kubische Volumenelemente ausgedehnt. Da diese Volumenelemente Voxel genannt werden, bezeichnet man diese Rekonstruktion auch als Voxelmethode. Als dritte Dimension oder Höhe eines solchen Voxels wird eine Seitenlänge des ursprünglichen Pixels angenommen. Da die Schichtaufnahmen i.a. aus Gründen geringerer Strahlungsbelastung für den Patienten in größeren Abständen zueinander als eine Voxelhöhe liegen, werden zusätzliche Schichten dazwischen interpoliert. Das Objekt wird nun in einem kubischen Datenvolumen repräsentiert, wie in Bild 1.2 in einer Prinzipskizze dargestellt.

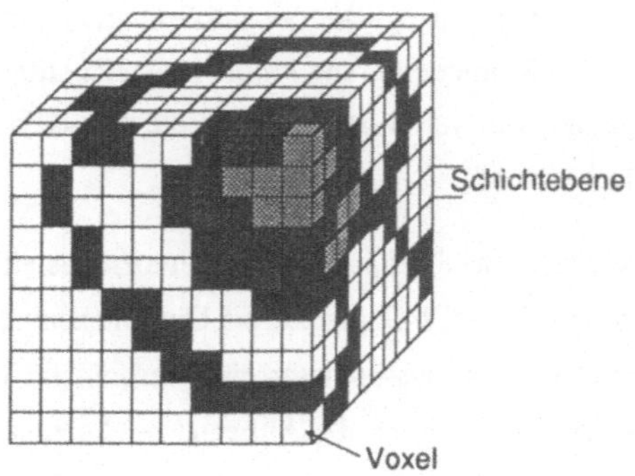

Bild 1.2 Aufbau der Volumendarstellung mit der Voxelmethode

Dadurch ergeben sich bei 512 x 512 Bildpunkten und der entsprechenden 512 Schichtebenen ein hoher Speicherungsaufwand sowie eine hoher Berechnungsaufwand bei einer Manipulation des Datensatzes z.B. bei Veränderung der Betrachtungsrichtung. Um die am Bildschirm darzustellenden Oberflächen für die jeweilige Betrachtungsrichtung zu ermitteln, wurden verschiedene Lösungen zur Abtastung des Datenvolumens erarbeitet [1.2][1.28].

Das in [1.2] aufgeführte volumenorientierte Rekonstruktionsverfahren führt zunächst das ursprüngliche CT-Grauwertbild in ein Binärbild über, sodaß nur Bildpunkte von Knochenstrukturen im Bild verbleiben. Anschließend werden binäre Voxelmodelle erzeugt, in dem die Volumenelemente nur die Werte "zum Objekt gehörig" und "nicht zum Objekt gehörig" annehmen können. Mit speziellen Datenstrukturen, sogenannten Octrees, wird eine Reduzierung des Speicherungsaufwands und eine effizientere Behandlung des umfangreichen Datenvolumens bei Objektveränderungen erzielt [1.29][1.41][1.12][1.31]. Nachteilig an der Methode ist die Erfordernis spezieller Verfahren zur Visualisierung [1.32][1.33][1.27], die gänzlich unterschiedlich zu herkömmlichen CAD-Methoden sind, wodurch eine Einbindung in derartige Systeme erschwert wird.

Für einen Arzt kann es hilfreich sein, das gesamte untersuchte Objekt zu beurteilen. Dies kann nur durch ein Voxelmodell erreicht werden, in dem jedes Voxel den ursprünglichen Grauwert des Pixels in der CT-Aufnahme erhält [1.13]. Am Bildschirm darzustellende Objekte bzw. deren Oberfläche müssen mit Hilfe eines aufwendigen sogenannten Ray-Tracing-Verfahrens [1.1], ermittelt werden. Vorteile bietet diese Grauwert-Voxelmethode zusätzlich zur Darstellung von Schnittebenen durch ein Objekt, die eine Visualisierung innenliegender Strukturen erlauben [1.34]. Dies wird durch Visualisierung der vom Benutzer definierten Ebenen mit allen enthaltenen Graustufen der einzelnen Voxel erreicht. Eine Untersuchung des gesamten aufgenommenen Körperteils mit allen Organen ist daher möglich [1.35]. Eine Aufteilung oder Segmentation in einzelne Organe erfolgt im Dreidimensionalen durch Anwendung von Schwellwertverfahren oder Erfassung von durch Grauwertsprünge begrenzten Bereichen, wobei ein Startvoxel interaktiv definiert werden muß [1.36]. Ebenso werden Methoden der Bildverarbeitung aufgegriffen, um dreidimensionale Kantenoperatoren zu entwerfen [1.37][1.38][1.30], die die darzustellende Oberfläche im Datenvolumen bestimmen. Auf Grund der großen Datenmenge und des hohen Berechnungsaufwands werden für die Visualisierung spezielle, an die Voxeldatenstruktur angepaßte Hardware mit großen Bildspeichern eingesetzt.

Eine gänzlich verschiedene Vorgehensweise wird bei der Erzeugung von Oberflächenmodellen als Rekonstruktionsmethode verfolgt. Wie auch bei der Modellierung binärer
Volumen werden zunächst aus den CT-Grauwertbildern mit Hilfe von Bildverarbei-
tungsverfahren die Konturen interessierender Objekte ermittelt. Durch Einsatz von Po-
lygonapproxierungstechniken [1.39][1.40] werden aus den in Pixeldarstellung vorliegenden Konturen Polygone erzeugt, wodurch sich die für die Darstellung benötige In-
formationsmenge wesentlich reduzieren läßt. Der Zwischenraum zwischen Konturen in
aufeinanderfolgenden Schichten wird anschließend durch Bildung von geeignet angeordneten Polygonen zwischen diesen Konturen geschlossen. Die Gesamtheit der verbindenden Polygone stellt dann die Oberfläche des Objekts dar. Im allgemeinen werden
als oberflächenbeschreibende Polygone Dreiecke verwendet, da sich hierbei eindeutige, ebene Flächen mit definierten Normalen beschreiben lassen [1.3][1.1][1.42]. Auf
Bildung von Dreiecken basierende Verfahren werden deshalb als Triangulationsverfahren bezeichnet. Ein Beispiel einer triangulierten Oberfläche ist in Bild 1.3 dargestellt.

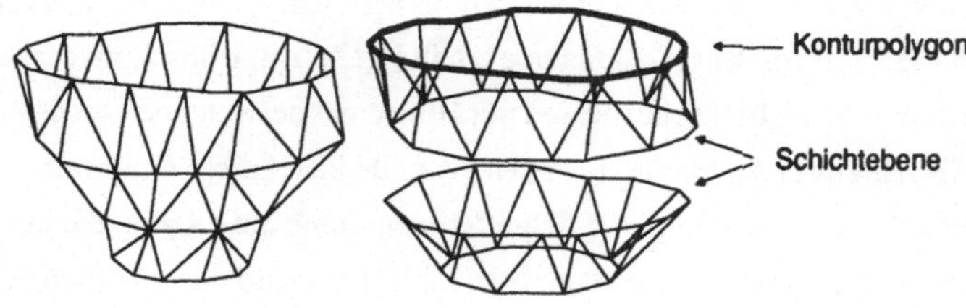

Bild 1.3 Beispiel einer durch Triangulation erzeugten Fläche

Die Triangulation erfordert Heuristiken zur Bestimmung der Oberfläche, da eine eindeutige Zuordnung von zu verbindenden Punkten nicht immer möglich ist [1.42][1.43].
Die Oberflächenrepräsentation durch Dreiecke erlaubt jedoch die Anwendung von Visualisierungstechniken, die für den Bereich des CAD entwickelt wurden. Ebenso ist der
Berechnungsaufwand zum Drehen eines Objekts, insbesondere bei Drahtmodelldarstel-
lung, im Vergleich zur Voxelmethode gering. Bei Einsatz von geeigneter Rechnerhard-
ware kann auch eine Bewegung eines Objekts in Echtzeit auf den Bildschirm gebracht
werden.

Diesen Vorteilen stehen verschiedene Nachteile der Triangulationsmethode gegenüber. Die wesentlichen Probleme ergeben sich bei der Triangulation durch die im allgemeinen bei medizinischen Objekten komplexen Formen mit abwechselnd konvexen und konkaven Polygonteilstücken [1.43]. Weiterhin unterscheiden sich die zu verbindenden Konturen oftmals stark in aufeinanderfolgenden Schnitten sowohl in der Punktezahl und den Punktabständen in den beschreibenden Polygonen. Die Bestimmung von geeigneten Strategien zur richtigen Zuordnung und Verbindung von Konturen bzw. einzelner Konturpunkte ist daher ein Grundproblem der Triangulation [1.44][1.11]. Um eine möglichst realitätsnahe Darstellung zu erzielen, muß auch die Verbindung von mehreren Konturen mit einer Kontur in einer Folgeschicht möglich sein. In diesem Fall sind Strategien zur sinnvollen Darstellung von Verzweigung nötig. Bisher wurden heuristische Verfahren entwickelt, die bei einfachen Objekten automatisch ablaufen können [1.45][1.46][1.47][1.42]. Bei komplizierteren Objekten ist ein Eingreifen eines erfahrenen Benutzer nötig. In der Literatur sind verschieden Lösungen für Teilprobleme zur Triangulation beschrieben, die in Kapitel 4 näher dargestellt sind.

Zusammenfassend kann festgestellt werden, daß sowohl mit der Voxelmethode als auch mit der Triangulationsmethode eine Visualisierung medizinischer Objekte möglich ist. Die computergestützte Planung eines Eingriffs soll jedoch eine Simulation von operativen Vorgängen sowie die Darstellung von Werkzeugbewegungen zulassen. Auf Grund der geringeren, zu bearbeitenden Datenmenge ist eine Simulation, die eine schnelle Darstellung von Bewegungsvorgängen erlaubt, nur sinnvoll mit Oberflächenmodellen, die durch Triangulation erzeugt werden, zu realisieren.

1.2.2 Einsatz rekonstruierter Modelle für Planung und Implantatfertigung

Die dreidimensionale Rekonstruktion erlaubt eine Visualisierung medizinischer Objekte. Dadurch wird es beispielsweise ermöglicht, die räumliche Anordnung von Tumoren im Gehirn zu lokalisieren [1.1]. Für die Planung von Eingriffen stehen jedoch nur einfache Möglichkeiten zur Verfügung. Durch Symmetrierung von Knochenstrukturen ist eine einfache Planungshilfe realisiert, wodurch das mögliche Ergebnis eines Eingriffs dargestellt wird [1.1]. Bereiche, die um eine Achse gespiegelt und für die Rekonstruktion eines symmetrischen Objekts verwendet werden, können in zweidimensionalen Schichtaufnahmen interaktiv identifiziert werden [1.4]. Beabsichtigt ist, dem

Chirurgen eine Möglichkeit anzubieten, sich einen Eindruck von einem anzustrebenden Ergebnis verschaffen zu können. Die Veränderung von rekonstruierten Objekten wird durch ein System, das in [1.4] vorgestellt ist, ermöglicht. Dazu werden interaktiv Objektteile aus dem Bild gelöscht. Trennungen von Objekten erfolgen durch Ebenen, die senkrecht zur Bildschirmebene definiert werden können. Die Trennung selbst erfolgt an den zweidimensionalen Konturen des Objekts in den ursprünglichen CT-Schichtaufnahmen. Durch Modellierung binärer Volumenmodelle kann anschließend ein verändertes Objekt dargestellt werden. Als grundlegende Funktionen eines zukünftigen Planungssystems für medizinische Anwendungen werden das Trennen von dreidimensionalen Objekten und das Anordnen der Teilstücke in beliebiger räumlichen Konfiguration zu einem geänderten Objekt definiert [1.4]. Die Trennung von Gelenken in einzelne Gelenkteile aus einem gemeinsamen CT-Datensatz ist in [1.5] dargestellt. Da somit Objekte, die wesentliche Strukturen anderer Objekte möglicherweise verdecken, ausgeblendet werden können, wird eine erleichterte Erfassung des Befunds ermöglicht. In [1.6] wird ein System zur Planung von Eingriffen vorgestellt. Mittels eines "elektronischen Skalpells" können interaktiv Bereiche identifiziert werden, die aus dem dargestellten Datenvolumen gelöscht werden sollen. Einschränkungen ergeben sich dadurch, daß ein zu bearbeitendes Objekt in entsprechendem Blickwinkel auf dem Bildschirm dargestellt sein muß, um mit dem Skalpell zu löschende Elemente identifizieren zu können. Eine Betrachtung aus verschiedenen Blickwinkel während des Identifizierens ist nicht möglich, wodurch die räumlichen Gegebenheiten nur schwer erfaßbar sind. Erste Ansätze für ein Planungswerkzeug durch computerunterstützte Simulation sind in [1.21][1.22][1.23] zu finden. Allerdings sind die Verfahren umständlich zu handhaben und erlauben keine vollständige Simulation eines Eingriffs. Über die Darstellung rekonstruierter Objekte hinaus, werden auch Implantate für Hüftgelenkersatz mit Flächenmodellen visualisiert [1.7]. Eine Auswahl von geeigneten Implantaten für den jeweilig dargestellten Oberschenkelknochen ist dadurch ermöglicht.

Ein weiterer Forschungsschwerpunkt bei der Verwertung von dreidimensionalen Daten medizinischer Objekte behandelt die Fertigung optimaler Prothesen bzw. Implantate für Hüftgelenke. Ziel hierbei ist es, eine möglichst gute Übereinstimmung zwischen dem hohlen Markraum und der einzusetzenden Prothese zu erreichen. Um die Prothese in den Knochenschaft einführen zu können, müssen Einschränkungen bei der Formgebung des Implantats besonders berücksichtigt werden [1.8][1.9][1.10].

Bisherige Planungssysteme mit Computergraphik beinhalten wesentliche Einschränkungen. Veränderungen an rekonstruierten Objekten sind nur in begrenztem Umfang
möglich. Oft sind Modifikationen bereits an zweidimensionalen Aufnahmen durchzuführen, wodurch die Erfassung des dreidimensionalen Sachverhalts erschwert ist. Daher
sind gegenständliche Modelle, die nach rekonstruierten Computermodellen gefertigt
werden, geeignete Hilfsmittel für den Arzt, die Planung eines Eingriffs vorzunehmen
und sich mit dem Vorgang vor der Operation bereits vertraut zu machen [1.10][1.14].
Diese Vorgehensweise erlaubt allerdings keine weitergehende Verarbeitung von Pla-
nungsergebnissen mit computerunterstützten Methoden.

1.2.3 Eingriffsunterstützung durch Maschineneinsatz

Eine Verbesserung der Ausführungsgenauigkeit von Eingriffen wird durch verschiedene Ansätze angestrebt. In [1.15] wird ein System vorgestellt, das CT-Aufnahmen und
Daten aus stereotaktischen Atlanten durch Vergleich von Referenzpunkten zur Deckung
bringt. Damit soll dem Arzt eine Hilfestellung zur besseren Zieldefinition und -lokali-
sierung bei einem gehirnchirurgischen Eingriff geleistet werden. Für eine erhöhte Ziel-
genauigkeit bei CT-geführten Punktionen zu Gewebeentnahme sind verschiedene Me-
chaniken entwickelt worden. In Schichtaufnahmen eines Computertomographen definiert der Arzt Ziel- und Eintrittspunkt und stellt die berechneten Winkel- und Längen-
werte an der Mechanik ein. Eine genaue Referierung der Mechanik zum Computertomographen muß dabei gewährleistet sein [1.25][1.26]. Der Einsatz eines Roboters bei
der Durchführung von Punktionen verbessert die Flexibilität einer Punktionshilfe [1.16].
Interaktiv ausgewertete Ultraschallaufnahmen dienen dabei als Grundlage für die Ansteuerung des Roboters.

Verschiedene Einsätze einer Maschine für Zielaufgaben bei Tumoroperationen werden
in [1.17][1.18][1.19] beschrieben. Bei der Maschine handelt es sich um einen sechsachsigen Roboter. Aus den interaktiv in CT-Aufnahmen definierten Ziel- und Eintrittspunk-
ten wird automatisch die Richtung der Bohrungsachse berechnet und diese Richtung
durch den Roboter mittels einer Bohrkanüle fixiert. Die räumliche Bestimmung des Operationsgebietes geschieht durch mechanische Fixierung des Schädels, die sowohl bei

der CT-Aufnahme als auch bei der Operation eine bestimmte Positionierung gewährleistet. Vorteile bietet das Verfahren dadurch, daß Eintrittspunkte eingestellt werden können, die mit herkömmlichen stereotaktischen Geräten nicht erreichbar sind.

Der Stand der Technik stellt sich daher folgendermaßen dar: Für die Visualisierung sind verschiedene Methoden vorhanden, aus zweidimensionaler Information dreidimensionale Modelle für die Computergraphik zu erzeugen. Systeme für die Planung eines therapeutischen Eingriffs unter Verwendung rekonstruierter Objekte sind im Ansatz realisiert. Sie beschränken sich jedoch auf einfache Funktionen zur Entfernung von Objektteilen, wobei dies oft nicht am dreidimensionalen Datensatz durchgeführt werden kann. Eine Neugruppierung von getrennten Teilen ist nicht möglich. Eine Simulation von Operationen mit einer Darstellung von eingesetzten Werkzeugen sowie von Bewegungsvorgängen wird nicht durchgeführt. Einschränkungen für Operationen durch falsche Werkzeugwahl oder Kollisionsmöglichkeiten sind daher nicht in der Planung zu berücksichtigen. Der Einsatz operationsunterstützender Maschinen wurde bereits durchgeführt. Bisherige Verfahren erfordern jedoch eine mechanische Fixierung des Operationsziels. Dies ist in einfacher Weise nur am Schädel zu realisieren. Eine Anwendung auf allgemeine Körperregionen ist daher nicht möglich.

1.3 Ziel der Arbeit

Ziel der Arbeit ist es, die Grundlagen für ein System zur Rechnerunterstützung in der chirurgischen Medizin zu schaffen. Dazu ist ein Konzept für eine durchgängige Rechnerunterstützung für die Operationstechnik zu erarbeiten, eine Einteilung in grundlegende Komponenten vorzunehmen sowie Lösungsmöglichkeiten hierfür darzustellen und zu diskutieren.

Am ausgewählten Fallbeispiel der Umstellungsosteotomie soll der Ablauf einer gesamten Behandlung eines Patienten von der Untersuchung bis zur Durchführung einer Therapiemaßnahme analysiert und daraus die Anforderungen an einzelne Komponenten des Gesamtsystems hergeleitet werden.

Für die Modellierung dreidimensionaler Objekte aus zweidimensionalen CT-Aufnahmen ist eine geeignete Vorgehensweise zu entwickeln. Die entstehenden Modelle müssen den Anforderungen für ein Planungswerkzeug durch Computersimulation genügen. Vorhandene Lösungsansätze sind zu analysieren und auf eine Einbindung in das zu entwerfende System zu überprüfen. Werkzeuge für eine computergestütze Planung von Vorgängen bei Operationen am menschlichen Hüftgelenk sollen Manipulationen an Objekten erlauben.

Der Einsatz einer operationsunterstützenden Maschine soll konzeptionell behandelt werden. Die bisher nötigen mechanischen Fixierungen sollen durch eine flexiblere Vorgehensweise durch Sensoreinsatz ersetzbar sein. Hierfür soll ein grundsätzliches Lösungskonzept dargestellt werden.

2. Ansatz einer rechnerunterstützten Operationstechnik

2.1 Operationsproblem, Analyse der Aufgabenstellung

Das Hüftgelenk ist ein Kugelgelenk, bei dem der Oberschenkelknochen mit seinem Kopf in der Pfanne am Becken sitzt. Die Knochen sind zur Glättung der vorhandenen Unebenheiten und zur Polsterung mit Knorpel überzogen. Zwischen diesen Knorpeln befindet sich der haarfeine Gelenkspalt, der mit einer zähen Schmierflüßigkeit gefüllt ist. Das gesamte Gelenk wird durch eine Kapsel und kräftige Bänder zusammengehalten. Zusätzlich verhindern die das Gelenk bewegenden Muskeln, daß der Hüftkopf aus der Pfanne gleitet [2.3].

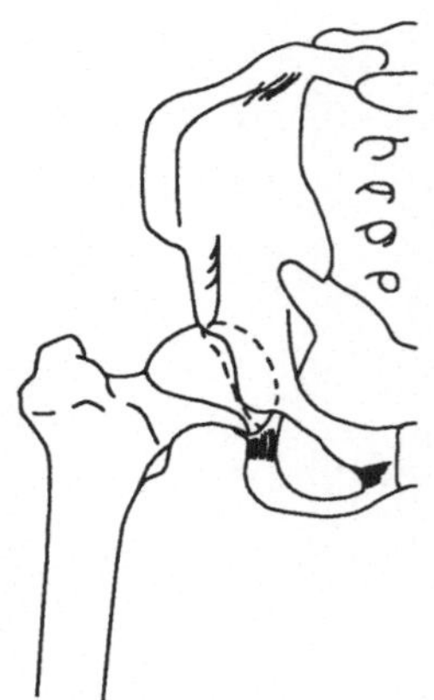

Bild 2.1 menschliches Hüftgelenk

Die Pfanne (Acetabulum) umschließt den Hüftkopf nur zum Teil. Dadurch ergibt sich eine ausgesprochen große Beweglichkeit. Das Gelenk wird aber in verschiedenen Bezirken unterschiedlich stark belastet, wodurch es Stellen gibt, die kaum beansprucht werden und solche, auf die übermäßiger Druck ausgeübt wird. Als Folge davon kann es zu einer Abnutzung des Hüftgelenks zunächst an den stärker belasteten Partien führen. Es bildet sich eine sogenannte Koxarthrose[1] [2.3].

Der Oberschenkelknochen (Femur) besitzt neben dem Hüftkopf zwei weitere ausgeprägte "Höcker". Der größere wird als Trochanter major, der kleinere entsprechend als Trochanter minor bezeichnet. Diese Trochanter stellen wichtige Ansatzpunkte für Muskeln zur Bewegung des Beines dar, wobei die sich bezüglich des Drehmittelpunktes im Hüftkopf ergebenden Hebelarme ausgenutzt werden. Die Verbindung zwischen dem Hüftkopf und dem Femurschaft wird als Schenkelhals bezeichnet. Hier setzen die Bänder zur Stabilisierung des Hüftgelenks an.

---

1   *Koxarthrose = Verschleißerscheinung am Hüftgelenk*

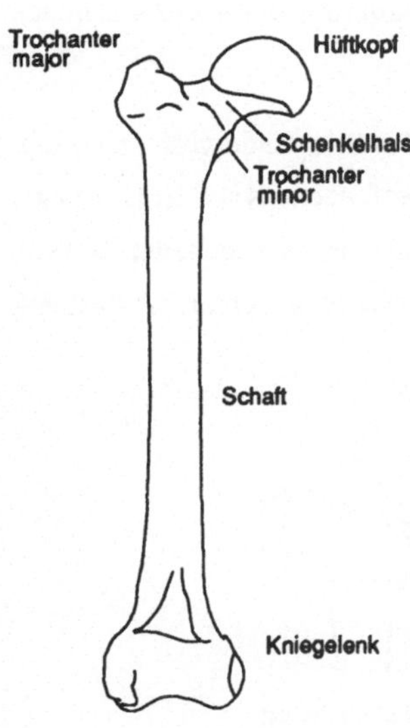

Bild 2.2 Aufbau eines Femur

Die geometrische Anordnung des Gelenks und die Zugrichtung der Bänder muß bei der Planung einer Veränderung berücksichtigt werden. Durch die sich ergebenden anderen Hebelverhältnisse, der Lockerung oder Straffung der Bänder können zusätzliche Komplikationen auftreten [2.5].

Für die Beschreibung der geometrischen Verhältnisse am Oberschenkelknochen sind verschiedene Winkel definiert, deren wichtigste kurz dargestellt seien. Weitergehende Darstellungen können der angeführten Literatur entnommen werden.

Der sogenannte CCD - Winkel (Centrum - Collum - Diaphysen - Winkel) gibt die Neigung des Schenkelhalses zum Femurschaft an. Er wird durch Vermessung der Geometrie des Femurs im Röntgenbild bestimmt [2.6]. Dazu werden die Umrisse des Femur auf Papier übertragen. Die Lage der Femur- und Schenkelhalsachse werden empirisch mit Hilfe von Lineal und Zirkel als Mittelachsen des Umrisses bestimmt [2.6]. Da jedoch im Röntgenbild oft nur eine Projektion des Winkels abgebildet und damit nicht die wahre Größe erfaßt wird, erfolgt eine Korrektur des Wertes anhand von Tabellen. Dabei wird ein zweiter gestaltbestimmender Winkel des Femuraufbaus, der Antetorsionswinkel, berücksichtigt. Der Antetorsionswinkel gibt die Lage der Schenkelhalsachse zur Kniegelenkachse an [2.6]. Wenn der CCD-Winkel gegenüber der Norm vergrößert ist, spricht man von einer "Coxa valga", ist er verkleinert von einer "Coxa vara". Entsprechend werden Eingriffe zur Verkleinerung des Winkels als Varisations-, zur Vergrößerung als Valgisationsosteotomien bezeichnet.

Das derzeit übliche Vorgehen bei der Veränderung des Femuraufbaus ist die sogenannte intertrochantere Osteotomie, d.h. zwischen den beiden Trochantern wird eine Veränderung durch Entnahme eines Knochenstücks vorgenommen. Mit diesem Operationsverfahren soll eine biomechanisch günstige Belastung des betroffenen Gelenks durch Vergrößerung der artikulierenden Fläche, Änderung der Druckverteilung und Entfernen von durch Arthrose geschädigten Bereichen aus der Hauptbelastungszone erreicht werden [2.8]. Die subtrochantere Osteotomie hat seit Einführung der intertrochanteren Osteotomie stark an Bedeutung verloren [2.7].

Die Möglichkeiten der intertrochanteren Osteotomie sind in Bild 2.3 dargestellt. Grundsätzlich erfolgt dabei eine Durchtrennung des Oberschenkelknochens auf der Höhe zwischen den Trochantern. Je nach geforderter Formänderung wird ein geeigneter Keil von einem Teilstück abgetrennt. Durch Verschiebung und Verdrehung werden die Bestandteile in die entsprechende Position gebracht und fixiert.

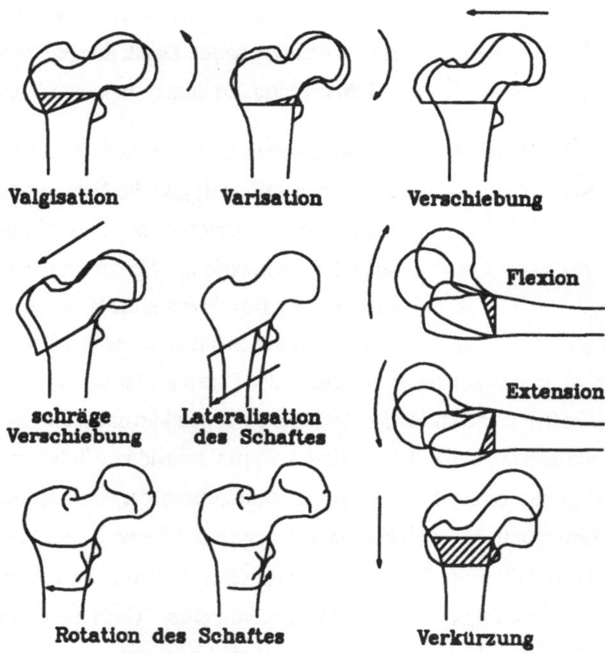

Bild 2.3 Möglichkeiten der intertrochanteren Osteotomie

Für die durchzuführende Osteotomie ist nicht nur die geometrische Gestalt des Femur entscheidend. Berücksichtigt werden müssen ferner die an Femur und Beckenknochen ansetzenden Bänder sowie die Veränderung der Hebelverhältnisse durch die Osteotomie. Durch die Veränderung des CCD - Winkels ergibt sich in Abhängigkeit der Länge des Schenkelhalses eine Verkürzung bzw. eine Verlängerung des Beins. Korrigiert werden kann dies durch entsprechende Wahl der "Dicke" des zu entnehmenden Keilstücks. Weiterhin ist der sogenannte Überdachungsgrad des Hüftkopfes durch die Hüftpfanne zu beachten. Zur besseren Verständlichkeit sei an einem Beispiel die gegenseitige Wechselwirkung der verschiedenen, zu berücksichtigenden Faktoren in Bild 2.4 gezeigt.

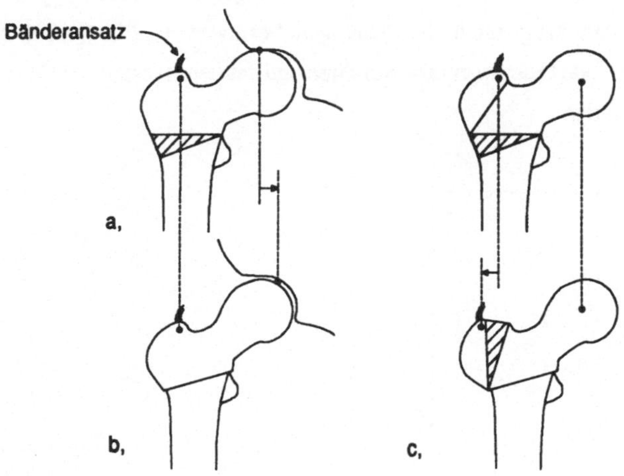

Bild 2.4 Beispiel einer Valgisationsosteotomie (nach [2.5])

In Bild 2.4a ist der ursprüngliche Zustand des Hüftgelenks dargestellt. Durch die Valgisation ist eine Überlastung im oberen Bereich der Hüftpfanne, der die gesamte Last aufnimmt, gegeben. Die Entnahme des eingezeichneten Knochenkeils bringt zusätzliche Hüftkopfanteile zum Tragen und verbessert damit die Druckverteilung im Gelenk. Allerdings geht mit der Umstellung eine Verkürzung des Hebelarms für die am Trochanter major angreifenden Bänder einher, wodurch sich die Kraftverhältnisse bei Bewegung des Beins wesentlich ändern (Bild 2.4b). Ein Umsetzen der Bänder an einen günstigeren Ansatzpunkt kann nicht vorgenommen werden, da die abgetrennten Bänder nicht mehr am Knochen fixiert werden können. Abhilfe bringt das Versetzen des Trochanters durch Einsetzen eines Knochenkeils, wie in Bild 2.4c dargestellt [2.5]. Zusätzlich muß der modifizierte Muskeldruck, der sich auf den Gesamtdruck im Gelenk auswirkt, durch die veränderten relativen Bänderlängen beachtet werden.

Die Korrekturen werden daher fast nie einzeln angewendet. Meist ist eine Kombination mehrerer Korrekturmöglichkeiten notwendig, um Nebenerscheinungen bestimmter

Korrekturen zu kompensieren und das gewünschte Ergebnis zu erhalten [2.9]. Daher müssen für die Planung einer Osteotomie komplexe Zusammenhänge der dreidimensionalen Form und Anordnung der Gelenkelemente berücksichtigt werden. Dabei sind Fragen, welche Winkel um welchen Betrag geändert werden müssen, wie die Schnittflächen orientiert werden sollen und welche Verschiebungen oder Verkürzungen in Kauf zu nehmen sind, möglichst genau in der Planung zu beantworten [2.11][1.20]. Zusätzlich sollen einzusetzende Osteosysntheseverfahren und das bereitzustellende Instrumentarium bestimmt werden.

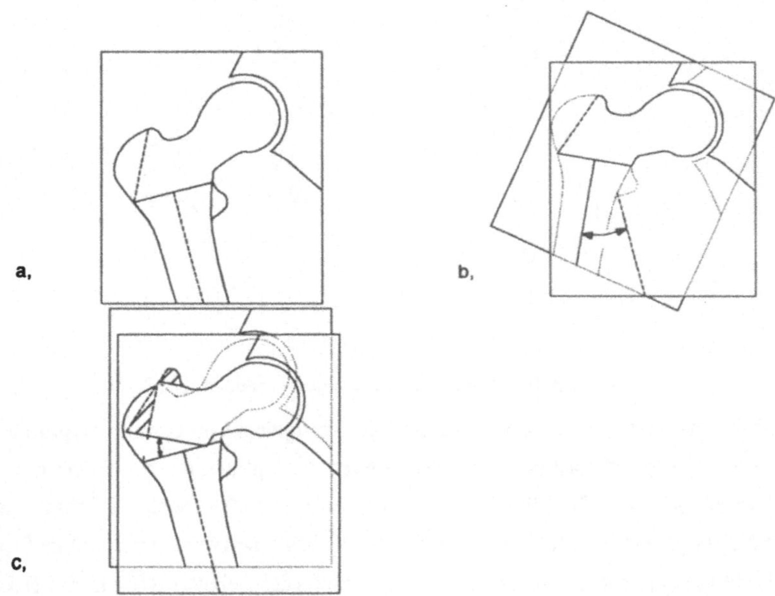

Bild 2.5 Planung einer Osteotomie an Röntgenbildern

Als Grundlage der Planung einer komplexen Osteotomie dienen Röntgenaufnahmen des Gelenks [2.9]. Die Konturen der Hüfte und des Gelenks werden auf Tranparentpapier übertragen. Die Femurschaftachse sowie die senkrecht dazu verlaufende Trennlinie (Osteotomielinie) werden eingetragen. Die Trennlinie wird dabei nach dem Wissen und der Erfahrung des Arztes bestimmt. Da die Lage des Trochanter major beibehalten werden soll, wird ebenfalls eine entsprechende Trennlinie nach Erfahrungswerten eingezeichnet. Damit ist der von der Umstellung betroffene Teil des Hüftkopfes definiert (Bild 2.5a).

Die Lage der Femurschaftachse und der Pfannenkontur werden durch Übertragung auf einen weiteren Bogen Transparentpapiers festgehalten. In der zweiten Pause wird schrittweise das Ergebnis der Osteotomie durch Übertragung von Teilelementen der ersten Pause generiert. Beide Pausen werden dazu übereinander gelegt und so gegeneinander verdreht, daß der Hüftkopf optimal in die Kontur der Pfanne paßt. Die optimale Lage ergibt sich durch die beste Kongruenz der Hüftkopf- und Pfannenkontur, die durch den Arzt beurteilt wird. Die so gefundene Lage des Hüftkopfs wird durch Einzeichnen der Kontur in die zweite Pause fixiert. Der Winkel zwischen den eingetragenen Femurachsen bei deckungsgleichem Hüftkopf ist der gesuchte Osteotomiewinkel (Bild 2.5 b). Anschließend werden die Femurachsen zur Deckung gebracht. Aus der teilweisen Überlagerung der Hüftköpfe sind aus dem Schenkelhals zu entfernende Stücke ersichtlich. Zuletzt wird eine dritte Pause angefertigt, in der unveränderte Teile des Femurschaftes, der Trochanter und der umgestellte Hüftkopf in der gewünschten Position zueinander eingetragen sind (Bild 2.5c). Anhand dieser Skizze wählt der Arzt die für die Fixierung benötigte Winkel- oder Kondylenplatte aus. Sollte es sich hier zeigen, daß die Platte zu sehr nach oben verschoben oder zu geringe deckungsgleiche Querschnitte aneinander zu liegen kommen, muß die anfangs gewählte Lage der Osteotomielinie geändert und sämtliche Zeichnungen neu angefertigt werden. Mit dieser Methode lassen sich Erfolgsraten bis zu 75% erzielen [2.12]. Für einen Teil der Mißerfolge ist ursächlich, daß das herkömmliche Verfahren die komplexen dreidimensionalen Verhältnisse im Hüftgelenk nicht vollständig erfaßt [2.13]. Vor allem die individuell unterschiedliche räumliche Orientierung und Form der Hüftgelenkspfanne kann dabei nicht optimal berücksichtigt werden.

Diese Planung stellt das zu erwartende Operationsergebnis dar. Zu beachten ist weiterhin, daß die den Hüftkopf ernährenden Gefäße durch den Eingriff nicht verletzt werden. Zur Durchführung der Operation ist die Reihenfolge der verschiedenen Schritte systematisch zu planen [2.10]. Die Lage der Resektionsebene sowie der zur Orientierung relevanten Schenkelhalsachse werden in der Operation nach Augenmaß bestimmt und mit Drähten markiert [2.10]. Anhand dieser Marken erfolgt die Durchtrennung des Knochens. Teilweises Einschlagen der gewählten Fixierungsschiene legt die Umstellungsposition einzelner Knochensegmente fest, die wiederum nur durch die Marken abgeschätzt werden kann. Eventuell überstehende Knochenteile werden entsprechend gekürzt. Abschließend wird der Hüftkopf umgestellt und mit der Kondylenplatte, wie in Bild 2.6 gezeigt, fixiert.

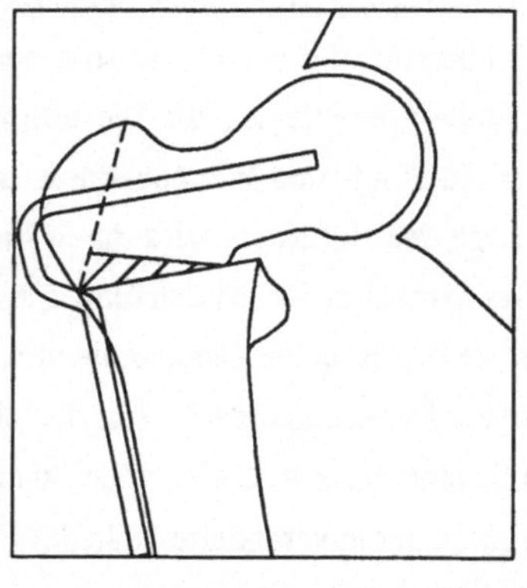

Bild 2.6 Fixierung des umgestellten Femur

Ein hohes Maß an Erfahrung und Wissen des Arztes für eine erfolgreiche Durchführung einer Osteotomie sind daher erforderlich. Die verschiedenen Schritte werden deshalb häufig systematisch auf einem Knochen- oder Plastilinmodell geübt [2.9]. Das operative Vorgehen richtet sich sehr stark nach den speziellen Gegebenheiten beim jeweiligen Eingriff und muß daher vor jeder Operation neu geplant werden. Weitere Beschreibungen von Operationstechniken sind in [2.5][2.7][2.10] zu finden.

In der kurzen Darstellung der Problematik wird deutlich, daß die Planung und Durchführung einer komplexen intertrochanteren Osteotomie extrem hohe Anforderungen an das räumliche Vorstellungsvermögen, die Erfahrung und das chirurgische Können des Operateurs stellen. Gefordert ist daher ein Werkzeug zur dreidimensionalen Planung und eine geeignete Methode zur besseren Umsetzung der Planung in die Operation. Dadurch kann die Planungsgenauigkeit erhöht, der Chirurg entlastet und das Ergebnis des Eingriffs verbessert werden.

2.2 Konzept des Systems

Die Planung einer Umstellungsosteotomie beruht bisher auf zweidimensionalen Röntgenbildern. Daher kann sie nur ein Abbild der realen Gegebenheiten erfassen. Die Umstellung eines Oberschenkelknochens stellt jedoch im allgemeinen eine Aufgabe dar, die die Berücksichtigung der dreidimensionalen Gestalt erfordert. Die Planung einer Osteotomie anhand von Röntgenbildern kann daher nur entsprechend ungenau erfolgen.

Die erfolgreiche Durchführung einer Osteotomie erfordert die möglichst exakte Umstetzung des in der Planung ermittelten Vorgehens. Dazu muß die Lage der Schnitt- bzw. Resektionslinien relativ zum Objekt entsprechend genau eingehalten werden. Bisher orientiert sich der Arzt dabei an Merkmalen des Objekts, wie z.B. Schenkelhals- und

Femurachse, die mit einfachen Hilfsmitteln nach Augenmaß und Erfahrung bestimmt werden. Eine Umsetzung des geplanten Vorgehens ist daher nur mit eingeschränkter Genauigkeit, die mit den Hilfsmitteln erreichbar ist, möglich.

Aus diesen Einschränkungen ergeben sich zwei grundsätzliche Anforderungen an ein Systemkonzept, das die dreidimensionale Planung einer Osteotomie und Unterstützung bei der Umsetzung in die Operation ermöglichen soll. Zum ersten muß die Definition von Schnittebenen an einem Objekt in einer dreidimensionalen Planung durchführbar sein. Zum zweiten müssen diese Schnittebenen in einer geeigneten Form in der Operation auf das reale Objekt übertragen werden.

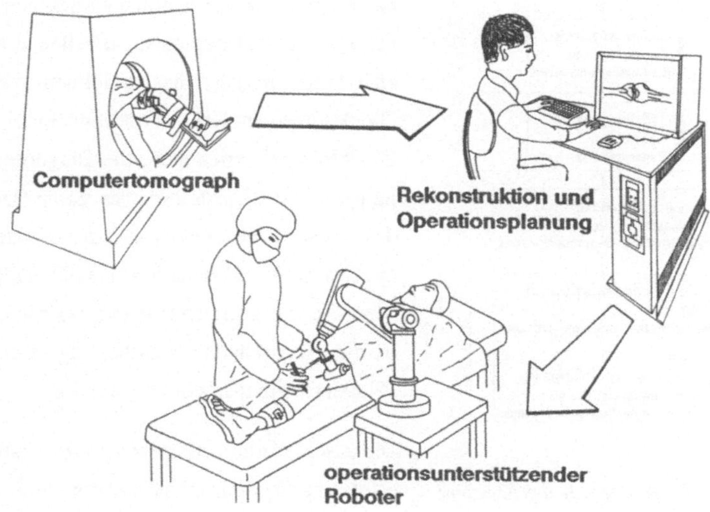

Bild 2.7 Computerunterstützte Lösung des Operationsproblems

Ein Konzept für eine computergestützte Erfüllung dieser Anforderungen ist in Bild 2.7 dargestellt. Zur Lösung der gestellten Aufgabe kann auf verschiedene Teilkomponenten oder -lösungen zurückgegriffen werden. Mit dem Computertomographen steht ein Gerät zur Verfügung, das die genaue Erfassung der dreidimensionalen Gegebenheiten an interessierenden Objekten erlaubt. Diese Objektdaten sollen durch das zu konzipierende System optimal für die gestellten Aufgaben verwertet werden. Durch die graphische Simulation ist ein Hilfmittel zur Lösung komplexer Planungsaufgaben geschaffen, das bisher überwiegend im technischen Bereich eingesetzt wird. Für die Ausführung exakter, reproduzierbarer Bewegungen und das Erreichen vordefinierter Raumpunkte sind programmgesteuerte Automaten, sogenannte Handhabungsgeräte oder Roboter entwickelt worden. In Kombination mit bestehenden graphischen Programmiersystemen ergibt sich damit ein flexibles Werkzeug zur Handhabung von Werkzeugen oder Werkstücken [2.14].

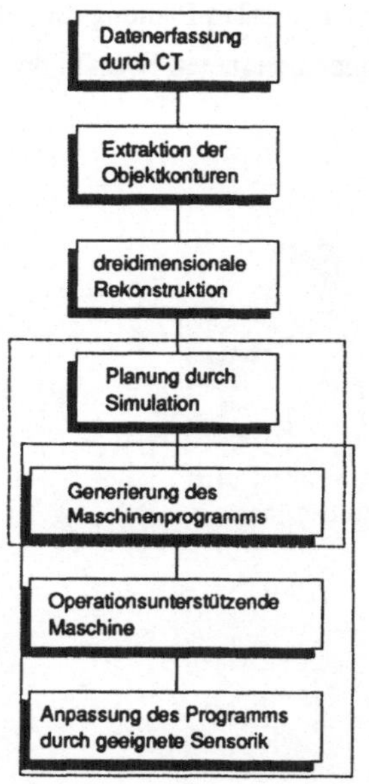

Bild 2.8 Strukturierung des Konzepts

Ein System, das das Konzept realisieren soll, kann gemäß Bild 2.8 in einzelne Bereiche strukturiert werden. Da die vom Computertomographen gelieferten Informationen zunächst nur zweidimensionale Bilddaten mit numerischer Höhenangabe darstellen, erfolgt eine Modellierung eines dreidimensionalen Objekts in einem Rekonstruktionsmodul. Die Objektmodelle erleichtern die Diagnosestellung durch die Darstellung der realen Gestalt des Objekts. Um aus den CT-Daten, die Bilder mit Grauwertrepräsentation darstellen, für die Modellierung geeignete Daten zu extrahieren, ist die vorgeschaltete Bearbeitung in einem Bildverarbeitungsmodul notwendig.

Die anschließende dreidimensionale Planung erfolgt durch graphische Computersimulation unter Verwendung der rekonstruierten Objektmodelle. Durch die interaktive Manipulation an den Modellen wird ein optimales Operationsergebnis planbar. Das Vorgehen kann beliebig wiederholt und variiert werden. Steht das optimale Operationsziel fest, kann durch Simulation ein optimales Vorgehen, wie dieses Ergebnis erreicht werden soll, geplant werden. Der Einsatz von Werkzeugen, wie oszillierende Sägen o.ä., läßt dabei mögliche Komplikationen durch Kollisionen mit gefährdeten Geweben oder Eindringen in unerlaubte Zonen erkennen.

In der Planungsphase erfolgt zusätzlich die Generierung eines Programms, das zur Ansteuerung einer operationsunterstützenden Maschine dient. Die auszuführenden Aktionen der Maschine legt dabei der planende Arzt fest.

In der Operation wird die Maschine für die spezifizierten Aufgaben, wie z.B. Anzeige von Schnittlinien oder Halten einer Bohrkanüle, eingesetzt. Dazu arbeitet die Maschine das in der Planung vom Arzt generierte Programm nach Abruf ab. Die Anpassung des Programms an die reale Situation im OP muß dabei durch eine geeignete Methode gewährleistet sein.

Da die Erfassung der dreidimensionalen Objektdaten die Grundlage für die weitere Bearbeitung darstellt, soll im folgenden die Bildentstehung im Computertomograph kurz im Prinzip erläutert werden, um ein besseres Verständnis für die sich ergebenden Probleme der Verarbeitung der gelieferten Daten zu erreichen.

2.3 Das Verfahren der Röntgen-Computertomographie

Die Röntgen-Computertomographie, kurz Computertomographie CT, gehört zu den bildgebenden Verfahren der medizinischen Diagnostik. Im Gegensatz zur einer konven-

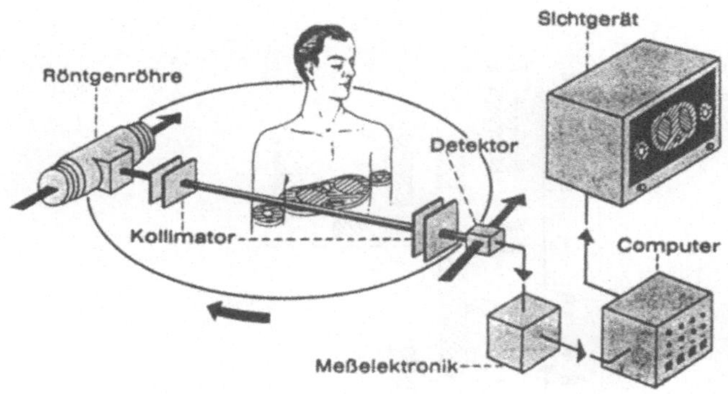

Bild 2.9 Prinzipeller Aufbau eines Computertomographen[2.16]

tionellen Röntgenaufnahme, die ein Überlagerungsbild aller bestrahlten Strukturen liefert, ermöglicht ein Computertomograph eine überlagerungsfreie Schichtaufnahme eines Objekts. Eine Folge dieser Aufnahmen enthält durch die verschiedenen Schichtlagen die Information über die dreidimensionale Gestalt des untersuchten Objekts. Der prinzipelle Aufbau eines Computertomographen ist in Bild 2.9 dargestellt.

Ein gebündelter, dünner Röntgenstrahl durchleuchtet den Körper. Ein gegenüber der Strahlungsquelle angeordneter Detektor mißt die durch den Körper verursachte Röntgenstrahlabschwächung. Durch translatorische Verschiebung der Strahlungsquelle und des Detektors wird eine Projektion des gesamten Körperquerschnitts gewonnen. Durch stufenweise Rotation der Anordnung um den Körper werden Projektionen der Körperschicht aus verschiedenen Raumrichtungen erzeugt. Die gemessene Strahlungsabschwächung einer Projektion, bzw. jedes Einzelstrahls, setzt sich dabei summarisch aus allen Anteilen der Strahlungsschwächung, die von den einzelnen Geweben verursacht werden, zusammen. Durch mathematische Verfahren kann aus den Projektionen der unterschiedlichen Richtungen auf die Schwächungswerte von Flächenelementen, die in der Bestrahlungsebene liegen, geschlossen werden. Die durchstrahlte Fläche bzw. Schicht kann als Bild dargestellt werden, indem die Flächenelemente als Bildpunkte repräsentiert werden, deren Grauwerte den errechneten Schwächungswerten entsprechen. Der Schwächungswert wird allgemein auf den Wert von Wasser bezogen, um eine Kalibrierung auf eine gemeinsame Basis von verschiedenen Geräten vornehmen zu können [2.16]. Beispiele für die Schwächungswerte verschiedener Gewebe sind in Bild 2.10 ersichtlich.

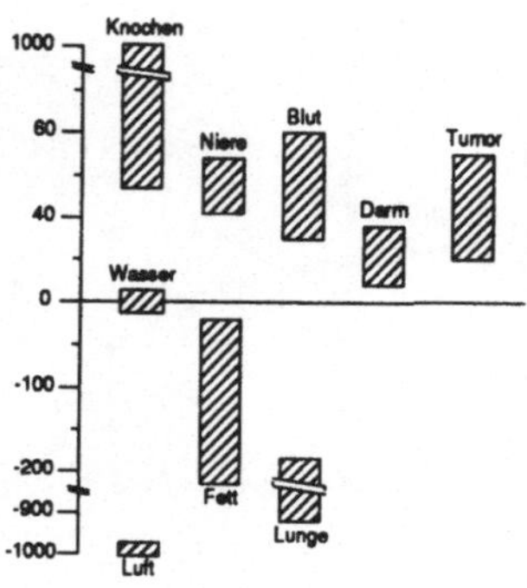

Bild 2.10 Schwächungswerte verschiedener Gewebe [2.15]

Man erkennt, daß sich die den einzelnen Substanzen entsprechenden Wertebereiche häufig überschneiden. Aus diesem Grund läßt sich aus dem Schwächungswert bzw. dem in der Bilddarstellung zugeordneten Grauwert nicht eindeutig auf das Gewebe schließen.

Durch translatorische Verschiebung des zu untersuchenden Körpers senkrecht zur Durchstrahlungsebene werden aufeinanderfolgende Schichtaufnahmen generiert. Dadurch ist die dreidimensionale Erfassung des untersuchten Körpergebietes ermöglicht. Allerdings liegt die Information nur als eine Sequenz von Schichtaufnahmen vor, deren Aufnahmeposition im CT numerisch als Höhenangabe erfaßt wird.

3. Verarbeitung von Grauwertbildern zu Konturlinien

3.1 Anforderungen und Vorgehen

Vom Computertomographen werden Bilder einzelner Körperschichten ausgegeben. Für die Generierung von Oberflächenmodellen für eine computergestützte Simulation muß die in einem Bild repräsentierte Datenmenge auf die wesentlichen Merkmale der interessierenden Objekte reduziert werden. Dazu müssen die umschreibenden Konturen der Objekte im Schnitt für eine 3D-Modellierung bestimmt werden.

Eine einfache Möglichkeit bietet die interaktive Identifikation einzelner Konturpunkte. Da hierbei der Aufwand sehr hoch ist, werden üblicherweise Methoden der Bildverarbeitung zur Teilautomatisierung derartiger Vorgänge eingesetzt [3.6][3.9]. Beispielhaft sollen an der Verarbeitung von CT-Aufnahmen Möglichkeiten dargestellt werden, wie mit bekannten Verfahren der Bildverarbeitung eine Reduzierung des interaktiven Eingriffs erreicht werden kann. Ziel hierbei ist es, aus den Grauwertbildern die gestaltbestimmenden Konturen von Knochenstrukturen zu ermitteln. Bis an ein weiterverarbeitendes System Konturen übergeben werden können, müssen Verfahren zur Bildverbesserung, Kontrastverschärfung und Konturextraktion auf ein Bild angewendet werden.

Die im folgenden dargestellte Vorgehensweise zur Verarbeitung von Grauwertbildern erfolgte auf einem PC-basierten Bildverarbeitungsrechner mit spezieller Software, die Grundfunktionen der Bilddatenmanipulation wie Speichern auf Festplatte, Anwendung benutzerdefinierter Operatoren und Erzeugung von Binärbildern durch Schwellwertverfahren erlaubt. In den vorliegenden Testbildern sind Schnitte durch einen menschlichen Oberschenkel dargestellt. Ein Bild ist durch eine Matrix von Bildpunkten repräsentiert, wobei jedem Bildpunkt (Pixel) ein bestimmter Grauwert zugeordnet ist. Die Bilddaten liegen in einem Pixelraster von 512 x 512 Bildpunkten mit einer Auflösung von 256 Grauwerten vor.

3.2 Bildverbesserung

Den erfaßten Bilddaten sind häufig Störungen verschiedener Ursachen überlagert. Diese Störungen werden als Rauschen bezeichnet. Für die Reduzierung von Störungen in digitalen Signalen ist eine große Zahl von Verfahren entwickelt worden [3.7][3.12][3.16]. Im folgenden sollen einige im Bereich der Bildverarbeitung angewendete Verfahren zur Filterung dargestellt und verglichen werden. Eine genauere Darstellung kann der jeweils angeführten Literatur entnommen werden.

Eine Methode stellt die Bearbeitung der Bildmatrix mit Operatoren dar. Diese Operatoren selbst sind meist als quadratische (m x m)-Matrizen (mit m = 1,3,5...) ausgebildet. Die einzelnen Elemente dieser Operatorenmatrix werden mit Gewichtungsfaktoren belegt. Der Vorgang der Filterung geschieht anschaulich durch Verschieben der Operatorenmatrix spalten- und zeilenweise über die gesamte Bildmatrix. Mathematisch entspricht dies der Faltung der zweidimensionalen Bildfunktion mit der Filterungsfunktion. Dabei werden die Grauwerte der Bildmatrix mit den Gewichtungsfaktoren multipliziert und aufsummiert. Der erhaltene Wert wird dem Pixel der Bildmatrix zugeordnet, das dem zu diesem Verarbeitungsschritt zentralen Pixel der Operatorenmatrix entspricht.

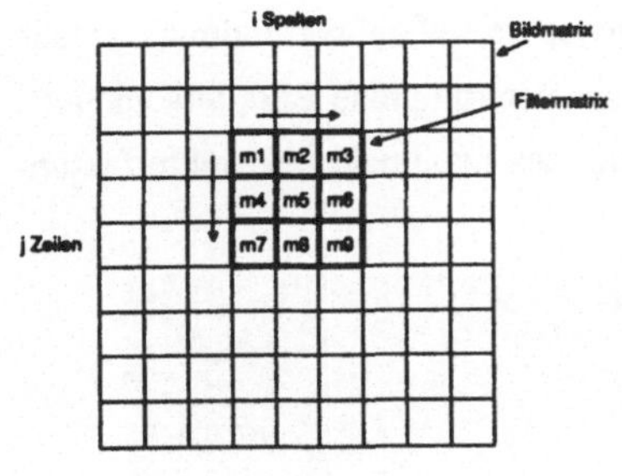

Bild 3.1 Operatorenmatrix

Einen einfachen Operator stellt die Mittelwertbildung benachbarter Pixel dar. Die Gewichtungsfaktoren der Matrixelemente sind dabei jeweils 1. Die Mittelwertbildung entspricht einer Tiefpaßfilterung, da die Bildanteile hoher Frequenz unterdrückt werden. Zu diesen Bildanteilen gehören sowohl das statistisch verteilte Rauschen als auch Bildinformation, die an scharfen Übergängen unterschiedlicher Grauwerte auftritt. Somit wird das Bild durch Anwendung derartiger Operatoren unschärfer, Grauwertkanten werden verschliffen. Die Mittelwertbildung stellt somit einen Kompromiß zwischen Unterdrückung von Störungen und Erhaltung der Bildstruktur dar [3.4].

Eine Verbesserung kann durch die sogenannte Medianfilterung bewirkt werden [3.6]. Dazu werden die Grauwerte, die den einzelnen Elementen der Filtermatrix zugeordnet sind, nach aufsteigendem Grauwert geordnet. Das Ergebnis der Filterung stellt der nach dem Ordnungsvorgang in der Mitte befindliche Grauwert dar. Durch die Medianfilterung können einzelne punkthafte Bildstörungen unterdrückt werden. Ausgedehnte abrupte Grauwertkanten bleiben unverändert erhalten. Nachteilig wirkt sich der Operator durch Verrundung von Ecken aus.

Das in dieser Arbeit verwendete Filterungsverfahren basiert auf einem nichtlinearen Epsilonfilter, das die Vorteile der Tiefpaß- und der Medianfilterung vereint [3.1]. Die Filtermatrix wird als Operator definiert, in dessen quadratischem (r x r)-Bereich die Bildpunkte nichtlinear gewichtet und aufsummiert werden. Der Beitrag jedes Pixels ist dabei abhängig von der Grauwertdifferenz zum Mittelpixel an der Stelle (i,j). Der Grauwert des untersuchten Bildpunktes soll dadurch von seinen umliegenden Nachbarn verändert werden. Die punktpaarweise Grauwertdifferenz d_{ij} steuert einen jeweiligen additiven Korrekturterm k_{ij}:

$$I_a\,(i,j) = I_e\,(i,j) + \Sigma_{ij}\,k\{d_{ij}\} = I_e\,(i,j) + \Sigma_{ij}\,d_{ij}\,g\{d_{ij}\}$$

$$d_{ij} = I_e(i + \vartheta i,\ j + \vartheta j) - I_e(i,\,j)\,;\quad \vartheta i,\,\vartheta j = -\,(r-1)/2,..,\,0,..,\,(r-1)/2$$

$$g\{d_{ij}\} = 1/N\,\exp(-d_{ij}{}^2/2e^2)\,;\quad N = r^2\quad \text{(Zahl der Bildpunkte in der Operatormatrix)}$$

Das Filter arbeitet bei kleinen Grauwertdifferenzen wie eine Mittelwertbildung und läßt bei großen Differenzen das Eingangssignal, d.h. das ursprüngliche Bild, unverändert. Die Einstellung des Parameters e zur Bestimmung des maximalen Korrekturfaktors

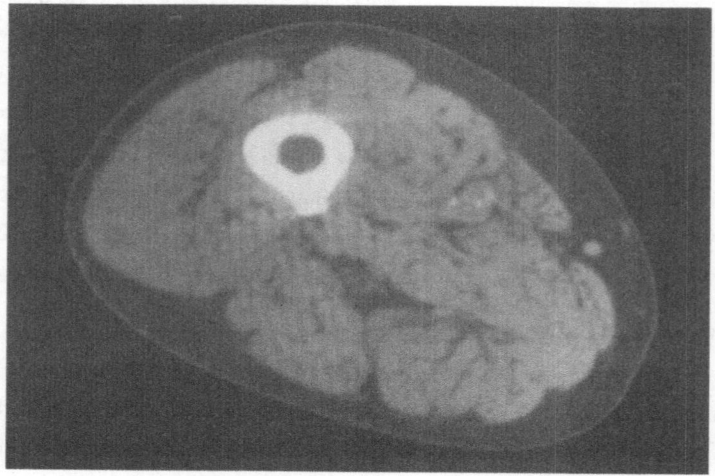

Bild 3.2 Epsilon-gefiltertes Bild einer CT-Aufnahme

muß empirisch ermittelt werden [3.1]. Werte zwischen 5 und 10 für e erwiesen sich als sinnvoll bei der Filterung der Testbilder. In Bild 3.2 ist eine epsilon-gefilterte CT-Aufnahme dargestellt.

3.3 Verstärkung der Kanten

Um Konturen interessierender Objekte aus Grauwertbildern zu ermitteln, muß zunächst das Bild so bearbeitet werden, daß nur auftretende Kanten im Bild verbleiben und andere Bildinhalte herausgelöscht werden. Unter einer Kante soll in diesem Zusammenhang eine Grauwertkante verstanden werden. Kennzeichnend für derartige Kanten ist die mehr oder minder abrupte Änderung des Grauwertes von Pixeln, die orthogonal zu einer Kante liegen. Somit kann eine Kante durch den örtlichen Gradient der Grauwert-Bildfunktion definiert werden [3.4]. In Bereichen mit gleichartigen Grauwerten ist der Gradient betragsmäßig klein, im Bereich starker Grauwertänderung entsprechend groß. Somit können mit Gradientenverfahren Kanten verstärkt gegenüber anderen Bildinhalten dargestellt werden. Ein Verfahren der Bildverarbeitung Gradienten zu bestimmen, ist die Anwendung von lokalen Gradientenoperatoren. Für eine eindimensionale Funktion mit diskreten Werten für die unabhängige Variable kann der Gradient als Differenz aufeinanderfolgender Funktionswerte definiert werden:

$$ds/di = s(i+1) - s(i)$$

Ein Bild kann als zweidimensionale diskrete Funktion aufgefaßt werden. Die einfachste Methode, die Gradienten für ein Bild zu bestimmen, ist demnach die Berechnung der Grauwertdifferenzen benachbarter Bildpunkte in Zeilen- und Spaltenrichtung der Bildmatrix. Für die praktische Berechnung ergeben sich den Filteroperatoren ähnliche Matrizen, die als Differenzoperatoren bezeichnet werden. Vielfach besteht ein Operator aus mehreren Matrizen, die jeweils eine spezielle Sensitivität für eine Kantenrichtung aufweisen. Die Matrizen werden dabei nacheinander auf das Bild angewendet. Im Fall der einfachen Differenzbildung können folgende Masken aufgestellt werden:

$$\begin{pmatrix} 0 & -1 & 0 \\ 0 & 1 & 0 \\ 0 & 0 & 0 \end{pmatrix} \qquad \begin{pmatrix} 0 & 0 & 0 \\ -1 & 1 & 0 \\ 0 & 0 & 0 \end{pmatrix}$$

Da dieser einfache Operator sich als zu anfällig gegenüber Störungen erwies, wurden verschiedene weitergehende Lösungsansätze entwickelt. Grundsätzlich werden dabei die Zahl und Größe der anzuwendenden Matrizen sowie die Belegung der einzelnen Matrixelemente variiert. Eine Übersicht verschiedener Verfahren ist in [3.3] angeführt.

Für die Verarbeitung der CT-Bilder wurden verschiedene in der Literatur [3.11][3.12][3.8][3.5] dargestellte Operatoren wie Roberts-, Prewitt-, Laplace-, Sobel- und Kirschoperator eingesetzt. Ziel hierbei war es, die Wirkungsweise an den CT-Aufnahmen zu ermitteln und Vergleiche zwischen den Operatoren anzustellen.

Der Roberts-Operator [3.5] besteht aus zwei 2 x 2 Matrizen:

$$\begin{pmatrix} 1 & 0 \\ 0 & -1 \end{pmatrix} \qquad \begin{pmatrix} 0 & 1 \\ -1 & 0 \end{pmatrix}$$

Durch die unsymmetrische Anordnung bewirkt der Operator eine Verschiebung einer Kante um ein Pixel in diesem Fall nach rechts unten. Somit kann eine Verfälschung der Konturzüge, die sich auf die dreidimensionalen Modellbildung auswirkt, nicht ausgeschlossen werden.

Der Prewitt-Operator [3.8] liefert bessere Ergebnisse, da die Differenzbildung jeweils zur übernächsten Spalte bzw. Zeile berechnet wird und somit kleine Störungen nicht in das Ergebnis eingehen. Des weiteren werden die Operationen symmetrisch um das Mittelpixel ausgeführt, wodurch kein Konturversatz entsteht:

Zeilen- Spaltensensitive Matrix

$$\begin{pmatrix} 1 & 1 & 1 \\ 0 & 0 & 0 \\ -1 & -1 & -1 \end{pmatrix} \qquad \begin{pmatrix} 1 & 0 & -1 \\ 1 & 0 & -1 \\ 1 & 0 & -1 \end{pmatrix}$$

In [3.9] wird ein auf dem Prewitt-Operator basierendes System zur Unterscheidung von Zellen anhand ihrer Konturen beschrieben.

Der symmetrische Sobeloperator bezieht weiter vom zu berechnenden Zentralpixel liegende Bildelemente in die Berechnung mit ein. Nahe gelegene Anteile werden doppelt stark gewichtet. Da jeweils die übernächste Spalte bzw. Zeile berücksichtigt wird, verringert sich ebenfalls der Rauschanteil [3.4].

Der Sobeloperator wirkt bedingt durch seine Anordnung stark auf Kanten, die vertikal oder horizontal im Bild verlaufen:

$$\begin{pmatrix} 1 & 2 & 1 \\ 0 & 0 & 0 \\ -1 & -2 & -1 \end{pmatrix} \qquad \begin{pmatrix} 1 & 0 & -1 \\ 2 & 0 & -2 \\ 1 & 0 & -1 \end{pmatrix}$$

Als Erweiterung auch auf geneigt durch das Bild verlaufende Kanten werden Operatoren mit mehreren Matrizen, die jeweils auf spezielle Richtungen ansprechen, eingesetzt. Hierzu gehört der Kirsch-Operator. Nachteilig ist der hohe Berechnungsaufwand, da das Bild mit jeder Matrix bearbeitet werden muß:

$$\begin{pmatrix} 5 & 5 & 5 \\ -3 & 0 & -3 \\ -3 & -3 & -3 \end{pmatrix} \qquad \begin{pmatrix} -3 & -3 & -3 \\ 5 & 0 & -3 \\ 5 & 5 & -3 \end{pmatrix} \qquad \begin{pmatrix} -3 & -3 & 5 \\ -3 & 0 & 5 \\ -3 & -5 & 5 \end{pmatrix}$$

$$\begin{pmatrix} 5 & 5 & -3 \\ 5 & 0 & -3 \\ -3 & -3 & -3 \end{pmatrix} \qquad \begin{pmatrix} -3 & -3 & -3 \\ -3 & 0 & -3 \\ 5 & 5 & -5 \end{pmatrix} \qquad \begin{pmatrix} -3 & 5 & 5 \\ -3 & 0 & 5 \\ -3 & -3 & -3 \end{pmatrix}$$

$$\begin{pmatrix} 5 & -3 & -3 \\ 5 & 0 & -3 \\ 5 & -3 & -3 \end{pmatrix} \qquad \begin{pmatrix} -3 & -3 & -3 \\ -3 & 0 & 5 \\ -3 & 5 & 5 \end{pmatrix}$$

Richtungsunabhängige Operatoren können durch punktsysmmetrische Matrizen entwickelt werden. Häufig wird dazu der Laplace-Operator eingesetzt. Verschiedene Gewichtungsfaktoren der einzelnen Elemente der Filtermatrix werden realisiert.

$$\begin{pmatrix} 0 & -1 & 0 \\ -1 & 4 & -1 \\ 0 & -1 & 0 \end{pmatrix}$$

Der Vorteil des Laplace-Operators liegt darin, daß in einem Berechnungsdurchgang der örtliche Gradient bestimmt werden kann. Nachteilig wirkt sich die höhere Anfälligkeit gegen Störungen wegen der geringeren Mittelung aus. Starke Krümmungen, d.h. Ecken, werden nur verrundet kontrastverschärft, wodurch die Konturen verfälscht dargestellt werden.

Ein Vergleich verschiedener bekannter Differenzoperatoren ist in [3.2][3.13] dargestellt. Allgemein läßt sich feststellen, daß mit zunehmender Größe der Operatorenmatrix die Rauschempfindlichkeit aufgrund der Mittelwertbildung über mehrere Pixel abnimmt , die Verbreiterung und Verschleifung von Kanten jedoch zunimmt, d.h. Kanten werden verbreitert auf mehrere Pixel, die nur geringe Grauwertänderungen aufweisen.

Bei den vorliegenden CT-Bildern mit starken und abrupten Grauwertübergängen an Knochenstrukturen konnten keine bedeutenden Unterschiede zwischen den angewendeten Operatoren festgestellt werden. Rotationssymmetrische Matrizen zeigten eine größere Störanfälligkeit als symmetrische bei stark strukturierten Bildern. In dieser Arbeit wird der Kirsch-Operator eingesetzt, da er einen guten Kompromiß zwischen Richtungsempfindlichkeit, die durch vier Matrizen erzielt wird, und Rauschunempfindlichkeit durch Mittelung über mehrere Pixel bietet. Bild 3.3 zeigt die Konturen bei Anwendung des Kirsch-Operators.

Weiterhin ergaben Versuche mit CT-Bildern, daß (3 x 3)-Matrizen ein Optimum an Schärfe, d.h. geringste Verschleifung der Kanten, und kurzen Rechenzeiten bieten. Vorteilhaft erwies sich die vorgeschaltete Filterung zur Rauschunterdrückung, wodurch die Anwendung relativ kleiner Operatorenmatrizen erst sinnvoll wurde.

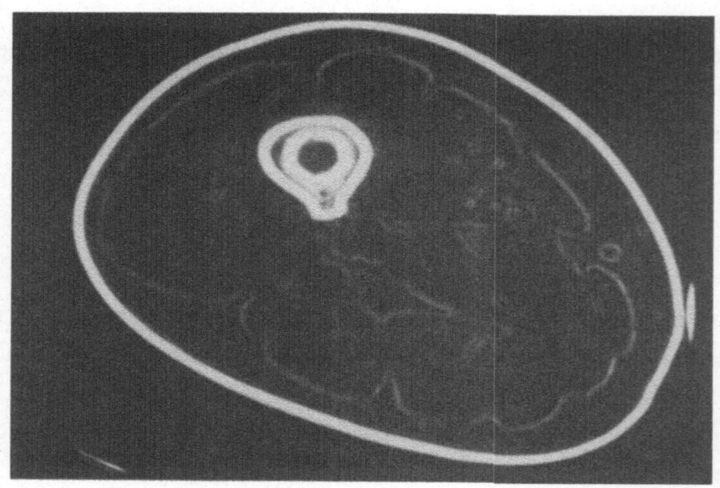

Bild 3.3 mit Kirsch-Operator gefiltertes Bild 3.2

3.4 Konturextraktion

Als Ergebnis der vorangegangenen Verarbeitungsstufen liegt ein CT-Bild als Matrix von Gradientenwerten der ursprünglichen Grauwerte vor, wodurch Kanten mit hohen Werten der Gradienten gekennzeichnet sind. Durch Einführung eines geeigneten Schwellwerts können Bildanteile, die nicht von scharfen Kanten herrühren und daher nur geringe Gradientenwerte besitzen, ausgeblendet werden. Es verbleiben aber trotzdem Pixel im Bild enthalten, die keine Konturpunkte darstellen. Es stellt sich nun die Aufgabe, aus der Bildmatrix die einzelnen Pixel, die zu einer Objektkontur gehören, zu extrahieren. Als Ergebnis soll eine geschlossene, ein-Pixel-breite Konturlinie ausgegeben werden. Dazu kann ein in der Literatur [3.12][3.14] vorgestelltes Verfahren zur sequenziellen Segmentation eingesetzt werden. In [3.10] wird ein auf diesem Verfahren beruhendes System zur Bestimmung von Lungenkonturen in Röntgenaufnahmen dargestellt. Das Verfahren wird als Graphenverfahren beschrieben, das ausgehend von einem Startpunkt nachfolgende Konturpunkte ermittelt. Durch diesen Ansatz kann eine Reduzierung des Berechnungsaufwands erreicht werden, da nicht der gesamte Bildinhalt bearbeitet wird, sondern nur noch Bildpunkte, die möglicherweise zur interessierenden Kontur gehören.

Zunächst stellt sich das Problem, einen geeigneten Ansatzpunkt für die Konturverfolgung zu ermitteln. Für einen automatischen Ablauf können Verfahren eingesetzt werden, die sowohl den ursprünglichen Grauwert an der Stelle als auch den örtlichen Gradienten berücksichtigten [3.15]. Da jedoch die automatische Startwertsuche zusätzlichen Rechenaufwand bedeutet und ein einwandfreies Funktionieren bei allen Aufnahmen nicht gewährleistet ist, wird durch Benutzerinteraktion in einem Raster ein Bildbereich identifiziert, der Teile der zu detektierenden Kontur enthält. Innerhalb dieses Rasterfeldes wird der maximale Gradientenwert bestimmt und das zugehörige Pixel als Startpunkt für eine Konturverfolgung verwendet.

Ausgehend von diesem sogenannten Wurzelpunkt kann in acht Richtungen ein nachfolgender Punkt gesucht werden. Die Suchrichtungen sind durch Nummern gekennzeichnet.

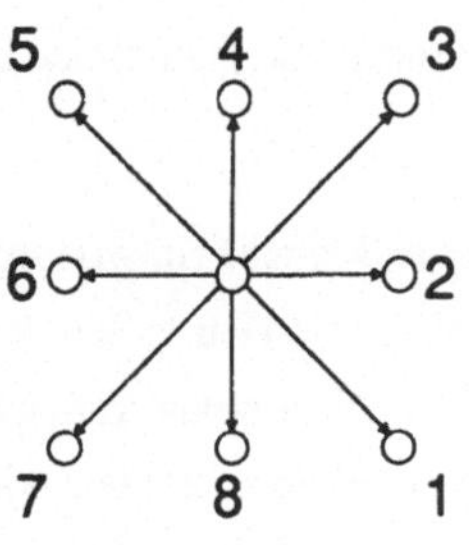

Bild 3.4 Suchrichtungen

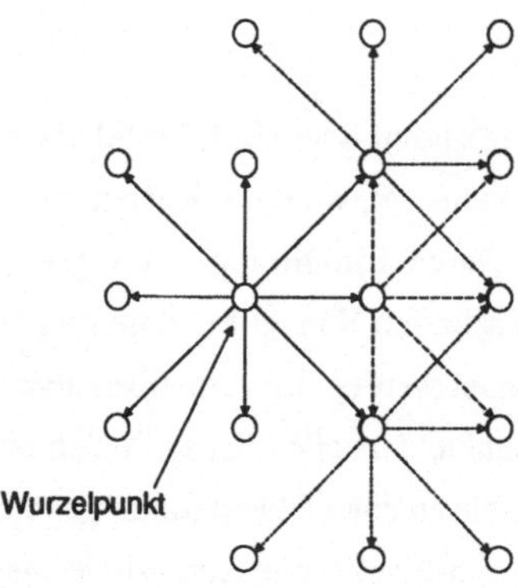

Bild 3.5 allgemeiner Suchpfad

Von diesen im ersten Schritt ermittelten Folgepunkten der Suchtiefe 1 können erneut Suchwege in analoger Weise definiert werden, die Kandidaten von Konturpunkten der Suchtiefe 2 liefern. Grundsätzlich können weitere Punkte in anschließenden Suchtiefen ermittelt werden, sodaß sich die in Bild 3.5 dargestellten Suchpfade ergeben. Wegen der besseren Übersichtlichkeit sind für die Suchtiefe 2 nur drei Zweige mit je fünf Suchrichtungen eingezeichnet.

Gefundene mögliche Konturpunkte und die damit festgelegten Konturstücke müssen durch problemangepaßte Kriterien [3.5] bewertet werden. Hierfür werden beispielsweise gefordert, daß die Kontur nicht den Bildrand erreichen darf, die Konturen in sich geschlossen sein müssen und eine bestimmte Länge weder unter- noch überschreiten dürfen. Die für jede Suchrichtung ermittelten Konturen bzw. Konturteilstücke werden durch Multiplikation der Gradientenwerte der einzelnen Konturpunkte bewertet und es wird versucht, ein Maximum zu ermitteln. Da für eine gesamte Kontur der Berechnungsaufwand beträchtlich ansteigt, wird nur ein Teilstück bearbeitet. Anhand dieser Bewertung erfolgt die Bestimmung der Konturpunkte.

Im vorliegenden Fall wird als Kriterium sowohl das Produkt als auch die Summe der Gradientenwerte im abgesuchten Linienstück innerhalb des Suchgraphen verwendet. Liegen mehrere gleichbewertete Konturstücke vor, wird der kürzeste Abschnitt gewählt. Als Konturpunkt wird dasjenige Pixel der Tiefe 1 angenommen, über das der höchstbewertete Pfad verläuft. Anschließend wird dieses Pixel als Startpunkt genommen und es werden erneut verschiedene Suchpfade erzeugt.

Durch die zunehmende Tiefe des Graphen steigt der Aufwand erheblich, wodurch das allgemeine Verfahren an praktische Grenzen stößt. Mit Hilfe von Heuristiken können jedoch sinnvolle Einschränkungen der Suchrichtungen getroffen werden. Zunächst ist es für die gestellte Aufgabe nicht nötig, Verzweigungen verarbeiten zu können wie z.B. bei der Detektion von Straßen aus Luftbildern. Ein Rückwärtsarbeiten des Algorithmus auf einem bereits bearbeiteten Konturstück ist ebenfalls nicht sinnvoll. Weiterhin kann angenommen werden, daß die Objektkonturen in CT-Bildern keine extremen Krümmungen im Größenbereich eines Pixels aufweisen, sodaß eine Einschränkung der Suchrichtungen in Abhängigkeit des vorangegangenen Suchschritts eingegrenzt werden können. So werden die Suchrichtungen 5 und 7 in Bild 3.4 unzulässig, wenn das zentrale Pixel aus Richtung 6 erreicht wurde.

Eine weitere Reduzierung des Aufwands kann erreicht werden, indem die Tiefe des Suchgraphen auf ein dem Problem angepaßtes Maß eingestellt wird. Dabei ist zu berücksichtigen, daß die Tiefe des Suchgraphen die theoretische Möglichkeit zur Überbrückung von Lücken in der Kontur beeinflußt. An den verarbeiteten Testbildern zeigt sich, daß eine Suchtiefe von 2 optimale Ergebnisse liefert. Bei einer Suchtiefe von 1 können bereits Konturenabschnitte mit zwei Pixel breiten Kanten einen vorzeitigen Abbruch des Verfahrens bewirken. Der Algorithmus findet dabei innerhalb der Kante vier aneinander liegende Pixel, die als geschlossene Kontur interpretiert werden, was zur Beendigung der Konturverfolgung führt. Bei einer Suchtiefe von 3 werden fein ausgebildete Strukturen im Bild verschliffen, da der Algorithmus über einen kürzeren Weg einen neuen Konturpunkt ermittelt. Untersucht wurde das Verfahren bis zu einer Suchtiefe von 6, wodurch sich aber keine Vorteile ergaben.

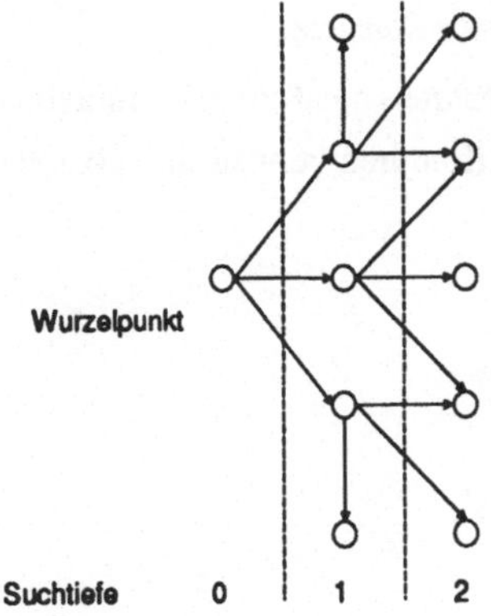

Bild 3.6 optimaler Suchgraph

Unterstützt werden konnte die Anpassung des Verfahrens an die Verarbeitung der CT-Bilder durch weitere Reduzierung der erlaubten Suchrichtungen. Es zeigte sich, daß eine Beschränkung auf drei Folgerichtungen aufgrund der vorhergehenden Bearbeitung mit Gradientenoperatoren in (3 x 3)-Matrixform zu optimalen Ergebnissen sowohl der Konturqualität als auch des erforderlichen Berechnungsaufwands führt. Damit stellt sich der für die vorliegenden Bilder optimale Suchgraph wie in Bild 3.6 dar.

Als optimales Kriterium für die Beurteilung der ermittelten Suchpfade erwies sich die Summe der Gradientenwerte der im Suchpfad liegenden Pixel. Dadurch war ein Überbrücken von ein Pixel breiten Lücken in Konturen möglich. Im Gegensatz dazu führt die Produktbildung der Gradientenwerte wie in [3.5] vorgestellt zu keinem befriedigenden Ergebnis, da eine Lücke durch den Wert 0 repräsentiert wird und sich somit für den ganzen Pfad der Beurteilungswert 0 ergibt.

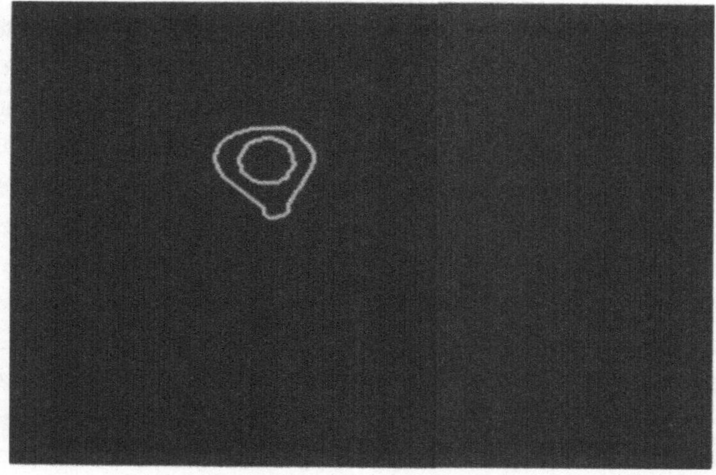

Bild 3.7 aus Bild 3.3 ermittelte Konturen

In Bild 3.7 sind die mit Hilfe des Konturfolgeverfahrens aus Bild 3.3 ermittelten Konturen des Oberschenkelknochen dargestellt. Die Konturen können nun pixelweise an nachfolgende Systeme übergeben werden.

4. Dreidimensionale Rekonstruktion durch Triangulation

4.1 Anforderungen, Probleme der Triangulation

Als Ausgangsdaten werden bei der Triangulation die umschreibenden Konturen von Objekten verwendet. Bisher weisen bekannte Verfahren zur Triangulation Schwachpunkte auf, wodurch ein automatischer Ablauf nicht immer gewährleistet werden kann. Daher ist es sinnvoll, das Vorgehen bei der Triangulation in Teilvorgänge aufzuteilen und dafür weitgehend automatisch ablaufende Verfahren zu entwerfen. Augenscheinlich falsche Ergebnisse müssen durch interaktive Eingriffsmöglichkeiten korrigiert werden können. Deshalb sind nachvollziehbare Einzelschritte, die eine gute Kontrollmöglichkeit erlauben, anzustreben.

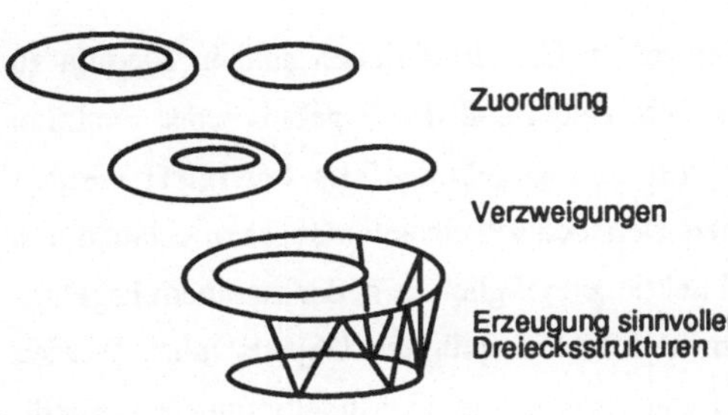

Bild 4.1 grundsätzliche Anforderungen der Triangulation

In Bild 4.1 sind die grundsätzlichen Anforderungen bei der Triangulation beispielhaft skizziert. Bei komplexen Strukturen können mehrere Außen- und Innenkonturen auftreten. In derartigen Fällen muß eine Vorgehensweise entwikkelt werden, die es erlaubt, eine Zuordnung von zu verbindenden Konturen vorzunehmen. Zur Lösung dieses Problems können heuristische Ansätze angewendet werden.

Es kann jedoch nicht ausgeschlossen werden, daß dadurch auch für einen medizinisch geschulten Betrachter fehlerhafte Verbindungen aufgestellt werden. Eine interaktive Korrekturmöglichkeit ist daher unumgänglich.

Ein wichtiger Punkt bei der Modellierung ist die Erfassung sich verzweigender Strukturen. Dieser Fall tritt auf, wenn mehrere Konturen einer Ebene mit einer Kontur einer anderen Ebene verbunden werden sollen. Es gilt ähnlich wie bei der Zuordnung von Konturen, daß ein automatisches Erzeugen von Verzweigungslinien anzustreben ist, eine Korrektur jedoch schnell durchführbar sein soll.

Den letzten Schritt stellt die Bestimmung der elementaren Dreiecksstrukturen dar. Zwischen Punkten auf den Konturen werden dabei Verbindungslinien gezogen. Um eine reduzierte Punkteanzahl auf jeder Kontur zu erhalten, wird eine Approximation der Konturen in Pixeldarstellung durch Polygone mit wesentlich weniger Punkten durchgeführt. Hierbei gilt es, ein Optimum zwischen Punktereduktion und Darstellungsgenauigkeit zu erreichen.

4.2 Struktur des Rekonstruktionssystems

Aus den Anforderungen an ein Rekonstruktionsverfahren kann bereits eine Aufteilung in einzelne Grundfunktionen abgeleitet werden. Eine sinnvolle Reihenfolge in der Durchführung ergibt die in Bild 4.2 dargestellte Struktur des Rekonstruktionssystems auf der Grundlage des Triangulationsverfahrens.

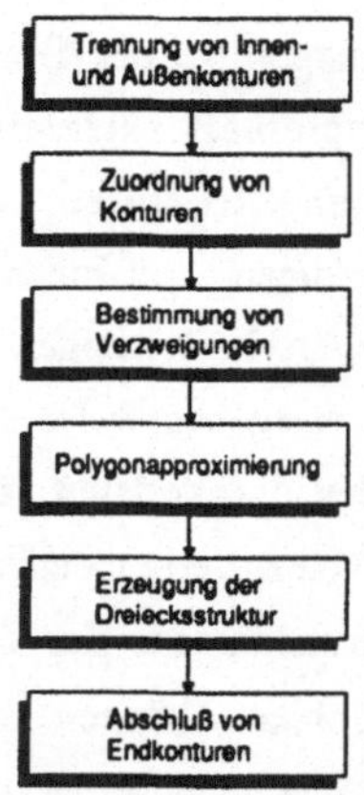

Bild 4.2 Struktur des Rekonstruktionssystems

Die einzelnen Grundfunktionen sind in Moduln zu realisieren. Dabei soll das Ergebnis jeder Funktion überprüft und gegebenenfalls korrigiert werden können. Dennoch soll ein automatischer Ablauf durch alle Funktionen möglich sein, der zu einem Ergebnis in Form eines triangulierten Objekts führt. Werden vom Benutzer Fehler in der Modellierung festgestellt, kann der Vorgang in Einzelschritten wiederholt werden. Dadurch verringert sich bei der Modellierung relativ einfacher Objekte der interaktive Aufwand wesentlich. Dennoch können durch diese Vorgehensweise komplexe Objekte mit begrenzter interaktiver Hilfestellung modelliert werden.

4.3 Bestehende Ansätze zur Lösung von Teilproblemen

Ein erster Ansatz [1.3] beschäftigt sich mit der Aufgabe, jeweils eine Kontur in einer Schicht mit einer anderen Kontur in der nächsten Schicht zu verbinden. Dabei wird das

Problem der Triangulation als Bestimmung einer optimalen Oberfläche aus allen, durch kombinatorische Vertauschung aller dreiecksbestimmender Polygonpunkte erzeugbaren Flächen, aufgefaßt. Ausgangspunkt stellen konturbeschreibende Polygone dar, die im Gegenuhrzeigersinn durchlaufen werden. Zunächst werden die Polygone in Segmente mit konvexem und konkavem Krümmungsverhalten aufgeteilt. Als Heuristik für die Ermittlung einer optimalen Oberfläche wird bei konvexen Segmenten ein Volumenmaximum, bei konkaven Segmenten ein Volumenminimum des durch die Polygone begrenzten Volumens verwendet. Weiterhin wird angenommen, daß die jeweils ersten Konturpunkte eine sinnvolle Verbindung ergeben. Davon ausgehend werden die einzelnen aufeinanderfolgenden Segmente miteinander verbunden und zuletzt zu einer Fläche zusammengesetzt.

Um einzelne Segmente zu verbinden, wurde bisher von einer beliebigen Kombination von Punkten, die jeweils ein Dreieck bilden können, ausgegangen. Dadurch werden viele unsinnige Verbindungen erzeugt. Um dies zu verhindern, werden in einer Matrixdarstellung zu verbindende Punkte markiert. Die Matrix besitzt m Spalten, entsprechend den m Punkten eines Polygons, und n Zeilen, entsprechend den n Punkten des zweiten Polygons. Soll eine Verbindungslinie zwischen Punkten erzeugt werden, ist das entsprechende Matrixelement a_{ij} mit 1 zu belegen. Für eine sinnvolle Erzeugung von Verbindungen werden folgende drei Eigenschaften der Triangulation definiert:

1. Ein Dreieck besitzt zwei aufeinanderfolgende Konturpunkte in einer der beiden Polygone, d.h. wenn $a_{ij} = 1$ dann $a_{i,j+1} = 1$ oder $a_{i+1,j} = 1$.

2. Jeder Konturpunkt ist mindestens einmal mit einem Punkt der anderen Kontur verbunden, d.h. Summe$(1,m)$ $a_{ij} = 1$ und Summe$(1,n)$ $a_{ij} = 1$.

3. Verbindungen zwischen Polygonpunkten können sich nicht überschneiden, d.h. wenn $a_{ij} = 1$ und $a_{i+1,j} = 1$ dann $a_{i,j+1} = 0$,
    entsprechend wenn $a_{ij} = 1$ und $a_{i,j+1} = 1$ dann $a_{i+1,j} = 0$

Damit ergibt sich eine in Bild 4.3 dargestellte beispielhafte Matrix. Eine mit einem Pfeil markierte Verbindung zwischen benachbarten Gitterpunkten beschreibt dabei ein vollständiges Dreieck. Aus dieser Matrix, auch als Verbindungsgraph bezeichnet, wird ersichtlich, daß die Bestimmung von geeigneten Dreiecken der Ermittlung einer durchgehenden Kette von aneinanderliegenden Pfeilen entspricht.

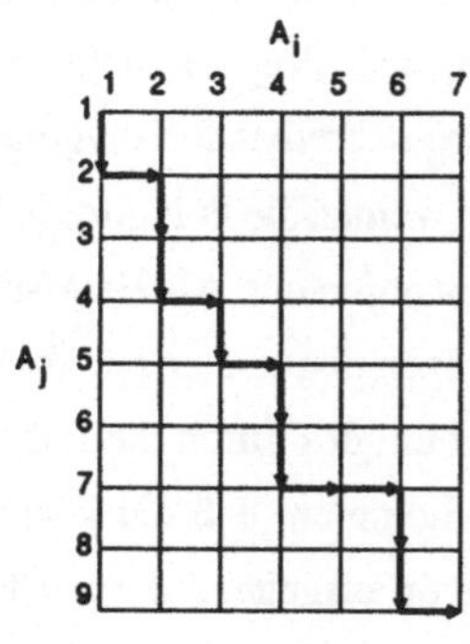

Bild 4.3 Verbindungsgraph

Eine vollständige Triangulation, die alle Polygonpunkte erfaßt, läßt sich durch einen geschlossenen Pfad innerhalb des Verbindungsgraphen beschreiben. Dabei sind nur Richtungen gemäß den Definitionen für eine sinnvolle Triangulation zulässig. In diesem Fall darf nur entweder nach rechts oder unten im Graph fortgeschritten werden. Anderenfalls würden sich Überschneidungen von Linien oder vom Triangulationsverfahren ausgelassene Punkte ergeben. Somit wird das Problem der Oberflächenbildung auf die Ermittlung eines Pfades in einem gerichteten Graphen zurückgeführt.

Die Triangulation erfolgt in iterativen Schritten. Zunächst werden nur konvexe Segmente miteinander trianguliert, die durch ihre Anfangs- und Endpunkte bestimmt sind. Diese Grenzpunkte werden durch Linien verbunden. Die dazwischen erforderlichen Pfadstücke könnten nun beliebig in den zulässigen Richtungen im Graph erzeugt werden. Für eine optimale Oberfläche wird hier ein Pfad ermittelt, der ein maximales Volumen erzeugt. Im ersten Schritt übergangene konkave Segmente, ebenfalls durch Anfangs- und Endpunkte im Graph gekennzeichnet, werden im zweiten Schritt verbunden. Dazu werden Subgraphen in der gleichen Weise bearbeitet. Als Optimierungkriterium für den Verbindungsgraph wird aber eine Volumenminimierung eingeführt. In einem weiteren Schritt können nun in konkaven Segmenten enthaltene konvexe Teilstücke behandelt werden.

Nachteilig ist jedoch, daß unsinnige triangulierte Teilstücke entstehen, wenn einzelne Polygonsegmente keinem Segment mit gleichem Krümmungsverhalten in der anderen Kontur zugeordnet werden können. Ebenso können mit dem vorgestellten Verfahren keine Verzweigungen erzeugt und somit keine komplexeren Strukturen rekonstruiert werden. Die verarbeitbaren Polygone dürfen keine innenliegende Konturen beinhalten, wie sie bei hohlen Körpern auftreten. Die Anfangspunkte der Polygone müssen geeignet zueinander liegen, um eine sinnvolle Triangulation überhaupt beginnen zu können.

Daher muß bereits die Vorverarbeitung in der Bildverarbeitung auf das Verfahren abgestimmt sein.

Eine Abwandlung des in [1.3] dargestellten Verfahrens wird in [1.43] angeführt. Ausgehend von den grundlegenden Definitionen für die Triangulation wird ebenfalls ein entsprechender Verbindungsgraph erstellt. Innerhalb dieses Graphen soll ein optimaler Pfad ermittelt werden, wobei nicht zwangsläufig als Startverbindung die Linie zwischen den beiden ersten Konturpunkten verwendet werden muß. Im Graphen sind zunächst alle Verbindungen, die den Definitionen genügen, erlaubt. Ausgehend von einem Startpunkt wird ein optimaler Pfad gesucht. Als Optimierungskriterium wird hier die Fläche, die von den erzeugten Dreiecken gebildet wird, verwendet. Der so gefundene Pfad soll eine minimierte Fläche ergeben. Alle Punkte in der ersten Spalte des Verbindungsgraphen werden als Startpunkte eingesetzt und davon ausgehende optimale Pfade ermittelt. Um alle Polygonpunkte in einem durchgehenden Pfad bei einem Startpunkt innerhalb des ursprünglichen Graphen verarbeiten zu können, wird der Verbindungsgraph in Zeilen- und Spaltenrichtung periodisch fortgesetzt und als in sich geschlossener torusförmiger Graph interpretiert. Dadurch erscheinen Verbindungspfade als geschlossene Linien im Graph. Die Pfade werden untereinander durch die erzeugten Flächen verglichen und der Pfad mit minimaler Fläche als Optimum genommen. Als notwendige Erweiterung des Verfahrens wird eine Verarbeitung von Verzweigungen, d.h. Spaltung einer Kontur auf mehrere Folgekonturen gesehen. Das Verfahren liefert Ergebnisse jedoch nur mit hohem Berechnungsaufwand [1.46].

Zu den bisher aufgeführten Optimierungskriterien, wie Fläche der erzeugten Dreiecke oder erzeugte Volumina, wurden weitere entworfen. So wird die Länge der Verbindungslinien [4.1][1.11] und der auf den Umfang der Kontur bezogene Umfang des erzeugten Dreiecks [4.2] als Kriterium verwendet. Als Zuordnungsheuristik bei zwei Konturen in den Schichtebenen wird der Überlappungsgrad von Konturen verwendet [1.11]. Durch diese Vielzahl von Kriterien kann das Graphenverfahren für einen weiten Bereich von Objekten eingesetzt werden. Jedoch wird in [1.44] gezeigt, daß die bisherigen Triangulationsverfahren nicht geeignet sind, wenn größere Unterschiede in Form und Lage zwischen den Konturen auftreten. Als Beispiel wird die Verbindung einer konvexen Kontur mit einer schneckenförmig gedrehten Kontur angeführt, die eine Durchdringung der Dreiecksstruktur in sich selbst darstellt. Als größte Einschränkung wird die Unmöglichkeit, mehrere Konturen in einer Schicht und damit Verzweigungen bearbeiten zu können, gesehen.

In [1.45] wird ein einfaches Verfahren zur Triangulation und Bestimmung von Hilfspunkten bei Verzweigungen vorgestellt. Ausgehend von gleichsinnig orientierten Konturen werden je ein Punkt auf den Konturen ermittelt, die durch die kürzeste Linie verbunden und als Startpunkte verwendet werden können. Im Umlaufsinn der Konturen wird für die nächsten Punkte entschieden, auf welcher Kontur der nächste Punkt zur Bildung eines Dreiecks verwendet wird. Dabei wird als Entscheidungskriterium, wie in Bild 4.4 dargestellt, die kürzeste Verbindung zu den Vorgängerpunkten verwendet.

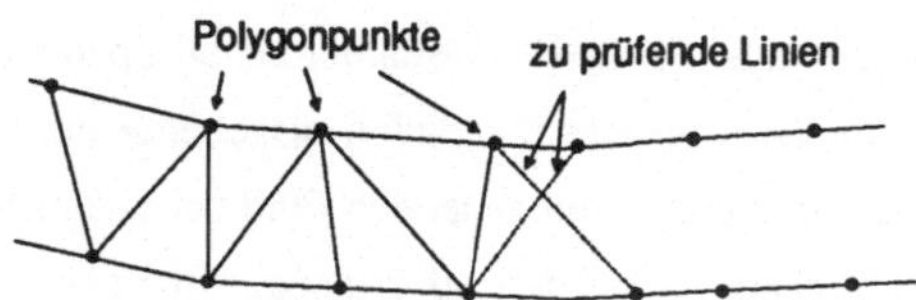

Bild 4.4 Triangulation durch kürzeste Punktverbindung

Da diese Methode nur bei ähnlichen Konturen in Form und Größe und nicht stark zueinander versetzter Position zufriedenstellend funktioniert, wird zusätzlich die Verwendung der Lage des Konturflächenschwerpunkts und der Größenverhältnisse eingeführt. Für die Darstellung von Verzweigungen werden Hilfspunkte derart erzeugt, daß zwischen zwei Konturen einer Schnittebene in der Mitte der kürzesten Punktverbindung ein Punkt auf die andere Schicht gesetzt wird. Da jedoch bei komplexeren Strukturen Fehler auftraten, sowohl bei der Triangulation als auch bei der Bestimmung von Hilfspunkten, wird hier auf die Hilfestellung durch einen Benutzer zurückgegriffen.

Ein weiterer Ansatz zur Berechnung der Triangulation bei Verzweigungen wird in [1.46] vorgestellt. Dazu werden zwei Konturen eines Schnitts durch eine Verbindung, die durch die kürzeste Distanz zwischen zwei Konturpunkten gegeben ist, zu einer Kontur verbunden. Diese neue Kontur wird nach dem in [1.43] erläuterten Verfahren trianguliert. Da sich bei diesem Vorgehen nicht immer ideale Verzweigungen ergeben, wird durch interaktives Erzeugen von Hilfskonturen eine Verbesserung angestrebt. Zusätzlich wird das Problem des Abschließens einer Oberfläche bei der letzten Kontur behandelt. Dazu wird das sogenannte Skeleton-Verfahren angewendet. Unter Skeleton versteht man eine

Linie, die in der Mitte zwischen den Konturrändern verläuft. Die Triangulation erfolgt von der Kontur zu dieser erzeugten Mittellinie.

Ein weiteres Verfahren zur Bestimmung von Strukturverzweigungen wird in [1.47] vorgestellt. Die Konstruktion von Objektverzweigungen soll dabei ohne Interaktion durchführbar sein. Das Vorgehen bei der Triangulation basiert auf dem in [1.43] erläuterten Verfahren. Als Heuristik zur Bestimmung geeigneter Dreiecke wird die Glattheit der erzeugten Oberfläche verwendet. Erreicht wird dies durch Minimierung der Winkel zwischen den Flächennormalen der erzeugten Dreiecke. Eine verbesserte Triangulation von Konturpolygonen, die in ihrer Form sehr unterschiedlich sind oder starke Krümmungsänderungen aufweisen, wird durch die sogenannte Konturlinienanpassung erreicht. Dabei werden zwei benachbarte Konturpolygone in der üblichen Weise trianguliert und die entstehenden Verbindungslinien sukzessive auf Hinterschneidung mit den Konturpolygonen untersucht. Konturpunkte, die eine Hinterschneidung verursachen, werden von der Triangulation ausgenommen. Verzweigungen einer Kontur in zwei Folgekonturen werden bestimmt, indem die Kontur im ersten Schnitt mit beiden Konturen im zweiten Schnitt trianguliert werden. Dadurch ergeben sich durchdringende Flächenanteile, wie in Bild 4.5 gezeigt.

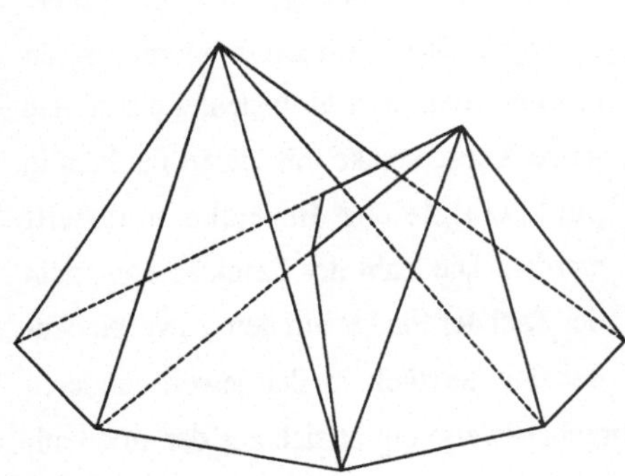

Bild 4.5 Verzweigung durch Verschneidung

Anschließend muß die Schnittkante ermittelt und die Kanten der Dreiecke entsprechend gekürzt werden. Die Berechnung des Schnittkantenverlaufs bei mehr als zwei Folgekonturen wird auf das oben aufgeführte Vorgehen zurückgeführt. Dazu werden die Schnittlinien erzeugt, die bei der Triangulation für alle Kombinationen von zwei Folgekonturen mit der Grundkontur entstehen. Aus den sich ergebenden Schnittkanten, bzw. Teilstücken davon, wird eine gesamte Schnittkante erzeugt.

Das Verfahren erlaubt somit die Berechnung von Strukturverzweigungen, wobei ein großer Aufwand bei komplexen Strukturen entstehen kann. Durch die Konturanpassung entstehen Bereiche, die keinem Flächenteil zugeordnet sind und daher keine Normalen besitzen. Für eine schattierte Darstellung des Flächenmodells ist aber eine vollständige Normalenbeschreibung unumgänglich, sodaß hier ein Verzicht auf eine leistungsfähige Darstellungsform eintritt. Bei der Konturanpassung und der Bestimmung der Schnittkanten entstehen Polygonzüge, die keine Dreiecke mehr darstellen. Eine Vereinfachung von objektverändernden Algorithmen, die an die Dreieckstruktur angepaßt sind und daher eine schnelle Ausführung erreichen, ist somit unmöglich.

In [1.42] wird ein Verfahren zur Triangulation beschrieben, das nicht mit Graphentechnik arbeitet, sondern Punktabstandsberechnung und Heuristik anwendet, um eine ansprechende Triangulation zu erreichen. Für jeden Konturpunkt in der ersten Schicht wird der nächstgelegene Punkt auf der folgenden zweiten Schicht durch Berechnung aller euklidischen Punktabstände ermittelt. In gleicher Weise erfolgt die Berechnung für alle Punkte der zweiten Schicht, so daß für alle Konturpunkte ein korrespondierender Punkt auf der jeweils anderen Schicht gefunden wird. Stimmen die korrespondierenden Punkte für beide Richtungen überein, bilden diese beiden Punkte eine sogenannte gesicherte Kante eines Dreiecks. In Bild 4.6 ist ein Beispiel für gesicherte Kanten bei der Bearbeitung dreier Konturen dargestellt.

Bild 4.6 gesicherte Kanten zwischen Konturen

Zwischen zwei gesicherten Kanten werden die für eine vollständige Triangulation benötigten Dreieckskanten symmetrisch erzeugt. Symmetrisch bedeutet dabei, daß lange Konturstücke mit vielen Punkten in punktzahlgleiche Bereiche unterteilt werden. Die Zahl der Bereiche entspricht der Zahl der Punkte auf dem zu verbindenden Konturstück in der jeweils anderen Schicht. Ein wesentlicher Vorteil dieser Vorgehensweise ergibt sich aus der automatischen Erkennung von Verzweigungen und der Lokalisierung des Übergangs zwischen den Konturen. Vorteile bietet das Verfahren weiterhin dadurch, daß um so mehr gesicherte Kanten erzeugt werden, je weniger die Konturen in der Form voneinander abweichen. Fehler des Verfahrens treten jedoch im Bereich von Konturverzweigungen auf, die durch weitere Entwicklungen beseitigt werden sollen [1.42]. Weiterhin kann die Berechnung der kürzesten Punktabstände bei stark zueinander in der Lage verschobenen und möglicherweise dadurch nicht übereinander liegenden Konturen zu fehlerhaften Ergebnissen führen.

Ein weiteres, auf einer anderen Grundidee basierendes Verfahren wird in [4.3] vorgestellt. Die grundlegenden Verfahrensschritte stellen die Erzeugung eines Voronoi-Diagramms und einer davon ausgehenden Delaunay-Triangulation. Die Ausgangsdaten stellen einfach geschlossene Konturen dar, wobei mehrere Konturen in einer Schicht verarbeitet werden können. Zunächst wird das sogenannte Voronoi-Diagramm für beide zu verbindenden Schichten erzeugt. Im zweidimensionalen Fall ergibt sich ein solches Diagramm als aneinanderstoßende Grenzlinien zwischen den einzelnen Punkten. Die Grenzlinien umschließen dabei jeweils das Gebiet, für das der im Gebiet liegende Konturpunkt der am nächstgelegene aller Konturpunkte ist. In Bild 4.7 ist ein beispielhaftes Diagramm für den zweidimensionalen Fall dargestellt.

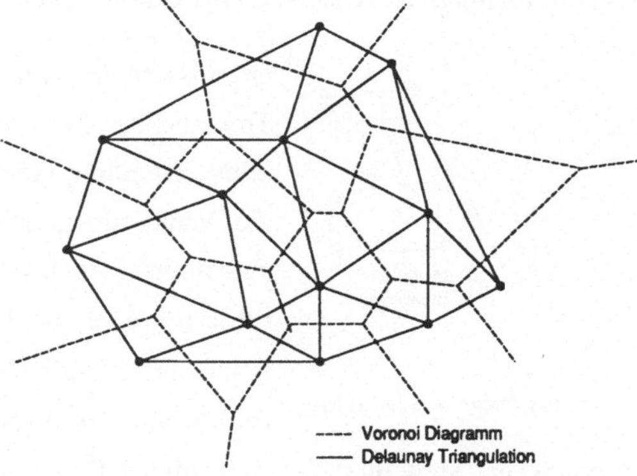

Bild 4.7 Voronoi-Diagramm und Delaunay-Triangulation

Das Verfahren der Delaunay-Triangulation verbindet nun diejenigen Punkte miteinander, die in Gebieten mit gemeinsamen Grenzlinien liegen. Damit kann erreicht werden, daß alle Punkte an der Triangulation beteiligt werden. In Bild 4.7 ist für das Beispiel die sich ergebende Triangulation eingezeichnet. Um Konturen in verschiedenen Schichten zu verbinden, wird das Verfahren analog auf den dreidimensionalen Raum angewendet. Als Ergebnis erhält man eine Vielzahl von Tetraedern, die die konvexe Hülle des durch die Schichtkonturen repräsentierten Objekts darstellen. Konkave Kontur- und Oberflächenbereiche werden dadurch noch nicht sinnvoll dargestellt. Deshalb wird anschließend untersucht, welche Punkte innerhalb der konvexen Hülle sind. Entsprechend werden Tetraeder eliminiert und neue Tetraeder mit bisher innengelegenen Punkten erzeugt bis alle Punkte auf der Oberflächendarstellung zu liegen kommen. Vorteile bietet das Verfahren durch die bei der Triangulation gleichzeitig erzeugten Verzweigungen. Nachteilig kann sich die komplexe Vorgehensweise dadurch auswirken, daß Benutzer-interaktion an fehlerhaft rekonstruierten Objekten bereits in einem Zwischenergebnis nicht möglich ist. Bedingt ist dies durch möglicherweise noch nicht verbundene Punkte oder durch eine Vielzahl von Verbindungslinien der Tetraeder, wodurch die Übersicht-lichkeit gering ist.

4.4 Automatische Trennung von Innen- und Außenkonturen

Eine Trennung von Innen- und Außenkonturen ist erforderlich, um unsinnige Verbin-dungen zwischen solchen Konturen zu verhindern. Eine derartige Verbindung könnte in einem nachgeschalteten Modul als verzweigende Struktur interpretiert werden.

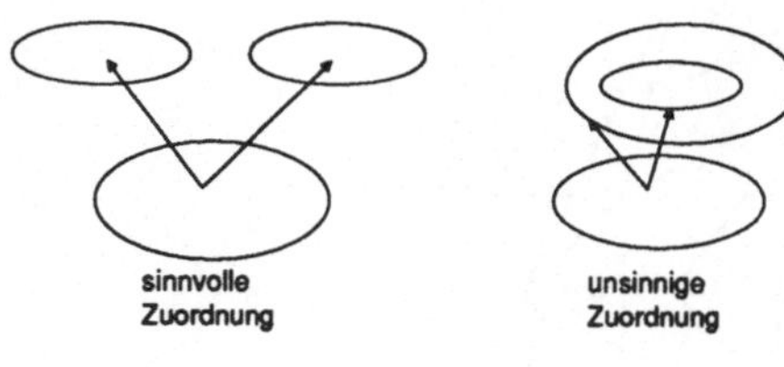

Bild 4.8 Sinnvolle und unsinnige Verzweigung

Grundsätzlich kann das Problem der Trennung bereits in der Phase der Grau-bildverarbeitung bearbeitet werden. Da die Verarbeitung zahlreicher Schicht-aufnahmen jedoch großen Aufwand er-fordert, wobei die Übersicht bei ge-trennten Datensätzen für Innen- und Au-ßenkonturen erschwert wird, ist es sinn-voll, eine Trennung erst bei der Modellierung vorzunehmen. Daher liegen Daten als Pi-xelinformationen über mehrere Konturen in einer Schichtebene vor. Eine direkte Iden-tifikation von innen- oder außenliegenden Konturen sowie eine Zuordnung aufeinan-derfolgender Konturpunkte ist aus diesem Datenformat nicht möglich.

Zunächst werden die Pixeldaten in ein Matrixfeld mit 512 x 512 Elementen eingelesen, wobei jeder eingelesene Punkt im Matrixfeld als Konturpunkt markiert wird. Um alle Konturen in der Matrix zu erfassen, wird ein sogenannter Füllalgorithmus eingesetzt. Dieser tastet die gesamte Bildmatrix ab bis ein Konturpunkt erreicht wird. Ausgehend von diesem Konturpunkt beginnt eine Abtastung der zugehörigen Kontur. Sobald die

Kontur erfaßt ist, wird die Abtastung der Bildmatrix mit dem Füllalgorithmus fortgesetzt, bis die Matrix vollständig bearbeitet ist.

In der Literatur sind verschiedene Arten von Füllalgorithmen beschrieben [3.14]. Sie unterscheiden sich durch ihre Eignung für bestimmte Zwecke, etwa dem Auffüllen von Räumen, in denen nur konvexe Inseln[1] vorkommen. Es wurde ein Algorithmus ausgewählt, der in der Lage ist, jeden Raum, ausgehend von einem oder mehreren Startpunkten, auszufüllen. Er füllt im Gegensatz zu anderen Algorithmen nicht zeilen- oder spaltenweise, sondern bildet eine wellenartige Front um einen Startpunkt, die sich gleichmäßig in alle Richtungen ausbreitet. Ähnlich einer Flüssigkeit werden Hindernisse, in diesem Fall Konturen, "umflossen", indem sich die Wellenfront vor einem Hindernis teilt und hinter ihm wieder schließt (siehe Bild 4.9).

Konturpunkte sind durch den Einlesevorgang mit einer entsprechenden Markierung versehen und können dadurch vom Füllalgorithmus erkannt werden. Trifft der Füllalgorithmus auf einen Konturpunkt, der auf einer noch nicht erfaßten Kontur liegt und daher als unbearbeitet interpretiert wird, stoppt die Bildabtastung und ein Programm zur Erfassung dieser Kontur wird gestartet. Im Folgenden wird dieses Programm als Konturfolger bezeichnet. Bild 4.9 zeigt die Situation beim Start des Konturfolgers, nachdem eine Kontur bereits bearbeitet wurde.

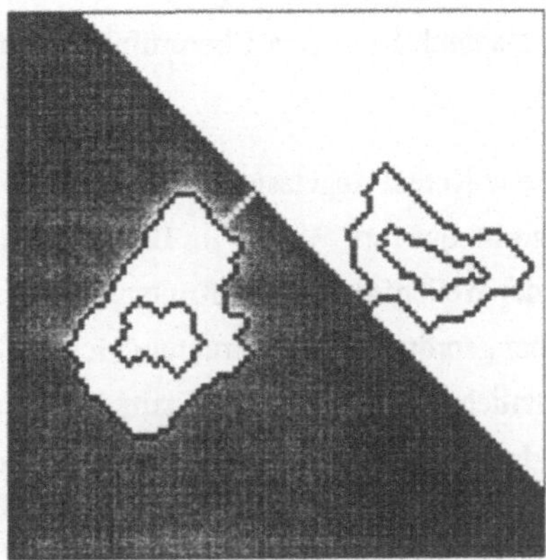

Bild 4.9 Umfließen einer Kontur, Start des Konturfolgers

---

1   durch konvex gekrümmte Linien begrenzte Bereiche

Ziel des Konturfolgers ist es, eine geschlossene Außenkontur zu ermitteln. Die Abtastung und die sich dadurch ergebende Reihenfolge der Konturpunkte soll in einem Umlauf gegen den Uhrzeigersinn erfolgen. In Anlehnung an die in [3.5] aufgeführte Methode werden dazu die acht Nachbarpunkte eines Bildpunktes nacheinander im Gegenuhrzeigersinn daraufhin untersucht, ob sie Konturpunkte darstellen. Der zuerst gefundene Konturpunkt wird zum neuen Testmittelpunkt. Der Vorgang der Nachbarschaftsuntersuchung wird erneut durchlaufen und weitere Konturpunkte ermittelt.

Während des gesamten Vorgangs werden erkannte Konturpunkte in eine Datenstruktur in Listenanordnung eingetragen und im Matrixfeld als bearbeitet gekennzeichnet. Diese Kennzeichnung beeinflußt in nachfolgenden Berechnungen den Füllalgorithmus derart, daß diese Punkte nicht zu einer Ausbreitung der Wellenfront führen. Das Gebiet innerhalb einer Kontur bleibt daher unbearbeitet. Durch die Berücksichtigung der Eintrittsrichtung sowie des Umlaufsinns der Untersuchung ergibt sich eine Abtastung der Konturen im Gegenuhrzeigersinn.

Als Startbedingung wird für den Konturfolgealgorithmus über die Angabe des ersten Konturpunkts hinaus eine Vorgabe für den Eintrittspunkt gegeben. Dazu ergibt die Verwendung des letzten Punktes, der vor dem ersten Konturpunkt durch den Füllalgorithmus ermittelt wurde, eine sinnvolle Vorgabe. Als Abbruchkriterium für die Konturverfolgung dient die Übereinstimmung des ersten gefundenen Konturpunkts und eines ermittelten Konturpunkts. Dadurch kann eine Überprüfung, ob die Kontur geschlossen ist, durchgeführt werden.

Nachdem eine geschlossene Kontur abgetastet wurde, setzt die Bearbeitung der Bildmatrix durch den Füllalgorithmus fort. Weitere im Bild enthaltene Außenkonturen bewirken beim Auftreffen der Wellenfront auf die Kontur eine erneute Abtastung und Erfassung der Kontur in einer geordneten Datenstruktur durch die Konturverfolgung. Der Füllalgorithmus endet letztlich, wenn keine neuen Startpunkte ermittelt werden können. Alle in der gesamten Bildmatrix enthaltenen Außenkonturen sind danach erfaßt.

Um innerhalb den bisher ermittelten Konturen weitere Konturen zu detektieren, dienen die Konturpunkte als Startpunkte für den Füllalgorithmus, der den Innenraum der Konturen bearbeitet. Durch die Kennzeichnung der erkannten Konturpunkte in der Bildmatrix kann der Füllalgorithmus auf das Gebiet der Kontur begrenzt werden, wie in Bild 4.10 dargestellt.

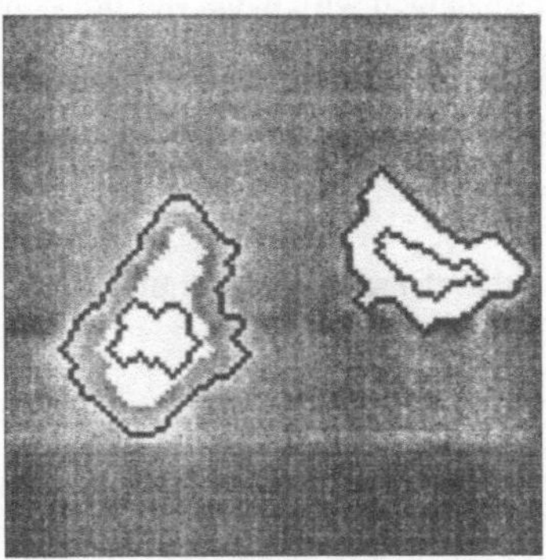

Bild 4.10 Ermittlung innenliegender Konturen

Wird bei der Ausbreitung der Wellenfront ein neuer Konturpunkt erfaßt, muß es sich um einen Punkt einer Kontur innerhalb der derzeit bearbeiteten Kontur handeln. Mit Hilfe des Konturfolgeprogramms wird die gesamte Kontur abgetastet und entsprechend in die Listenstruktur eingetragen. Befinden sich mehrere Konturen in der untersuchten Außenkontur, gewährleistet der im Anschluß fortgesetzte Füllalgorithmus deren Erfassung. Sind alle Außenkonturen verarbeitet und können keine weiteren Innenkonturen ermittelt werden, endet der Vorgang zur Trennung der Innen- und Außenkonturen.

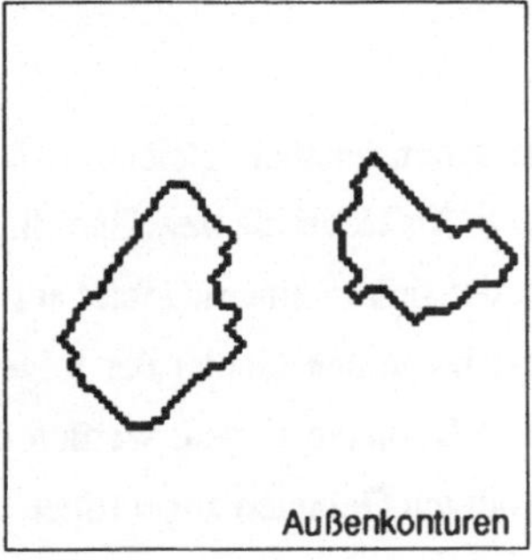

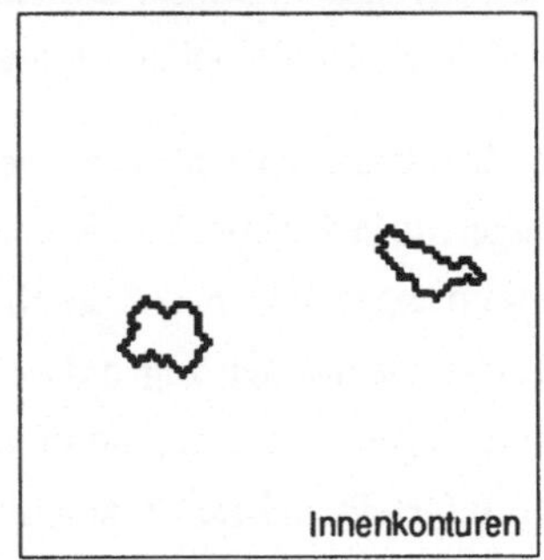

Bild 4.11 getrennte Konturen einer Schichtebene

Bild 4.11 zeigt die nun getrennt vorliegenden Außen- und Innenkonturen. Die Konturen sind dabei geordnet in Listen gespeichert und besitzten einheitlichen Umlaufsinn. Weiterhin ist für die nachfolgenden Vorgänge Information vorhanden, wieviele Konturen mit welcher Punkteanzahl auftreten. Dadurch ist es möglich, triangulierte Modelle für Hohlräume aus Innenkonturen und gestaltbeschreibende Modelle aus den Außenkonturen zu erzeugen. Im folgenden wird daher nur die grundsätzliche Vorgehensweise bei der Verarbeitung von Außenkonturen dargestellt. Die Modellierung aus Innenkonturen erfolgt in analoger Weise.

4.5 Verarbeitung von Strukturverzweigungen und Zuordnung der Konturen

4.5.1 Vorgehensweise

Ein wesentlicher Punkt bei der automatischen Modellierung dreidimensionaler Objekte ist die Bestimmung von zu verbindenden Konturen auf zwei Schichtebenen. Strategien müssen entworfen werden, die sinnvoll Konturen einander zuordnen. Es muß weiterhin entschieden werden, wann eine Kontur in zwei oder mehrere Konturen verzweigt bzw. sich vereinigt.

Die in der Literatur vorgestellten Lösungsansätze zur Erzeugung von Verzweigungen greifen oft nur bei geeigneten Randbedingungen oder erfordern interaktiven Eingriff. Daher wird eine eigene Vorgehensweise vorgestellt, die für allgemein geformte Konturen und variabler Anzahl sowohl eine sinnvolle Zuordnung als auch eine Bestimmung von Verzweigung oder Vereinigung erlaubt.

Um diese Zuordnung zu erreichen, werden beide Konturebenen gleichermaßen in Gebiete aufgeteilt, in denen sich die Konturen befinden. Als Heuristik bzw. Zuordnungsvorschrift wird angenommen, daß die Konturlinien, die sich in einem Gebiet auf einer Ebene befinden, denjenigen zugeordnet werden, die im selben Gebiet der folgenden Schichtebene liegen. Konturen, die in verschiedenen Gebieten liegen, werden durch Trennlinien aufgeteilt und die Teilkonturen den jeweiligen Gebieten zugeordnet.

Im Gegensatz zu vielen in der Literatur dargestellten Methoden werden die Konturen nicht durch Polygone in diesem Verarbeitungsschritt angenähert. Vielmehr arbeitet die Methode weiterhin mit pixelorientierten Datensätzen. Obwohl keine Datenreduzierung durch Polygonapproximierung erfolgt, ist die Entwicklung effizienter Algorithmen für die Zuordnung und Verzweigungsberechnung möglich.

4.5.2 Erzeugung von Gebietsmasken

Zunächst müssen die gebiets- und konturunterteilenden Trennlinien ermittelt werden. Sämtliche Operationen finden in einer Bildmatrix, die bereits im vorhergehenden Kapitel verwendet wird, statt. Alle Konturpunkte werden als Startpunkte für den oben dargestellten Füllalgorithmus verwendet. Der Algorithmus beginnt den Raum um die Konturen zu füllen. Anschaulich kann man sagen, die Konturen beginnen zu "wachsen". Innerhalb einer Kontur endet der Algorithmus auf Grund seiner Funktionalität selbständig. Außerhalb vergrößern sich die um die einzelnen Konturen angelegten Zonen solange, bis die gesamte Bildmatrix gefüllt ist. Die Wachstumszonen um verschiedene Konturen markieren von ihnen belegte Matrixelemente mit unterschiedlichen Kennungen. Trifft eine Wachstumszone auf einen Punkt, der eine Markierung einer anderen Wachstumszone trägt, wird der Punkt als Grenzpunkt in die Bildmatrix eingetragen. Der Vorgang ist beendet, wenn keine zu bearbeitenden Punkte in der Bildmatrix mehr vorliegen.

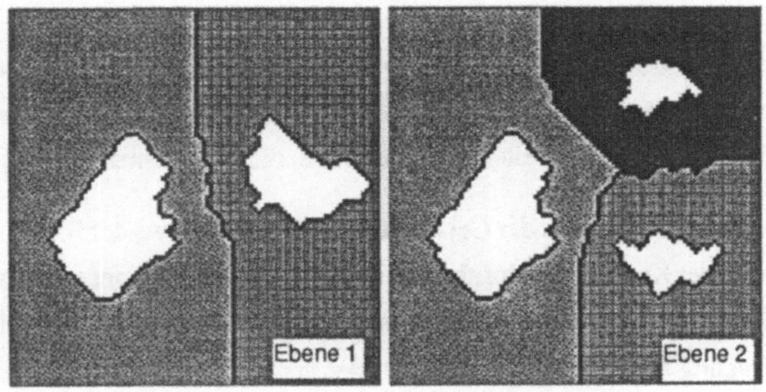

Bild 4.12 gebietsaufteilende Grenzlinien

Als Ergebnis diese Verarbeitungsschritts erhält man Grenzlinien, die die Aufteilung der gesamten Bildmatrix in den Konturen zugeordnete Gebiete repräsentieren, wie in Bild 4.12 gezeigt.

In gleicher Weise werden für die Konturen der zweiten, zu verbindenden Schichtebene Grenzlinien erzeugt. Aus den Grenzlinien werden sogenannte Gebietsmasken erzeugt, indem die Grenzlinien zweier aufeinanderfolgender Schichten zusammengefaßt werden, wie in Bild 4.13 für die Grenzlinien in Bild 4.12 gezeigt. Für die Bearbeitung von n Schichten entstehen demnach n - 1 Gebietsmasken. Die durch die Linien der Gebietsmasken begrenzten Bildmatrixbereiche werden in der Matrix mit Nummern versehen. Durch diese Gebietsnummern ist eine Zuordnung eines Gebiets in beiden Schichtebenen möglich.

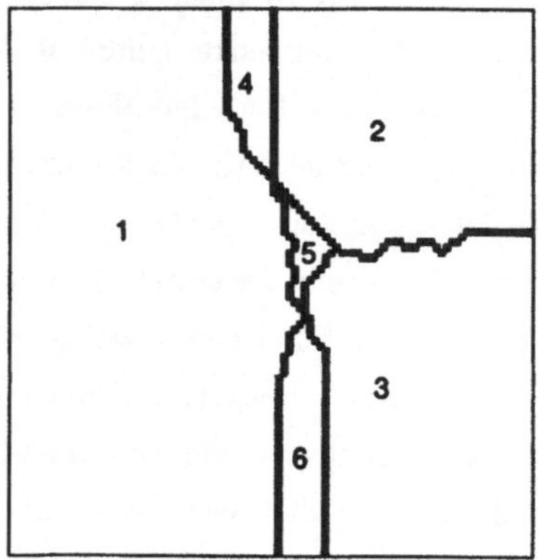

Bild 4.13 Gebietsmaske

4.5.3 Auftrennung der Konturen

In die durch Gebietsaufteilung strukturierte Bildmatrix werden anschließend die Konturen einer Schichtebene eingetragen. Eine Kontur befindet sich entweder vollständig in einem Gebiet oder überschreitet eine Grenzlinie, die sie in Unterkonturen zerteilt.

Um die Konturen, die sich aus der Gebietsaufteilung ergeben, aus der Bildmatrix zu detektieren, wird der Konturfolgealorithmus eingesetzt. Sinnvolle Konturen bestehen hier aus Teilstücken ursprünglicher Konturen und Teilen der trennenden Grenzlinien. Die Konturverfolgung beginnt dabei an Punkten der ursprünglichen Konturen, die aus der Vorverarbeitung bekannt sind. Trifft die Konturverfolgung auf eine Verzweigung, die nur durch eine trennende Grenzlinie entstehen kann, wird auf die Grenzlinie verzweigt. Analog wird bei Erreichen der nächsten Konturlinie auf die Kontur verzweigt.

Wie in Bild 4.14 gezeigt, tastet daher der modifizierte Konturfolgealgorithmus neue, zusammenhängende Konturen ab, die vollständig in vorbestimmten Gebieten liegen. Sie werden im weiteren als Teilkonturen bezeichnet. Der Algorithmus läuft anschaulich an der Innenkante der neuen Konturen entlang, wobei alle ermittelten Punkte in eine neue Listenstruktur von Konturlinien eingetragen werden.

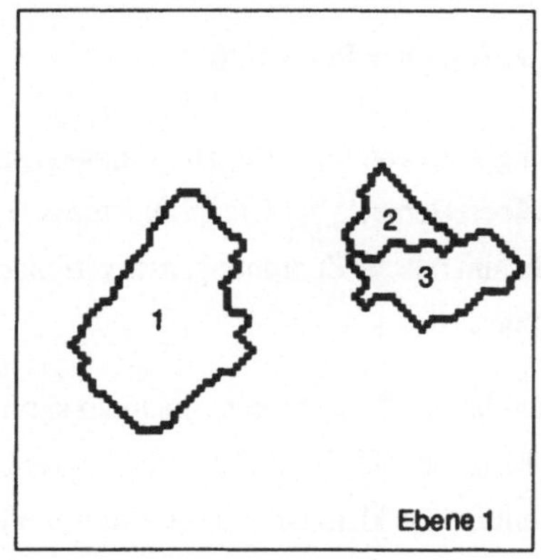
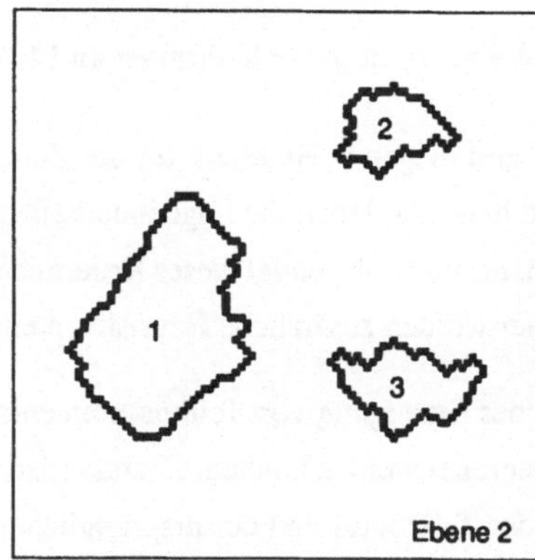

Bild 4.14 Konturtrennung

Die Linienstücke, die durch Abtasten einer Grenzlinie entstehen, stellen die Grundlage zur Darstellung einer Verzweigung bei der weiteren Verarbeitung dar. Da diese Linien zwangsläufig paarweise in zwei verschiedenen Teilkonturen eingebaut sind, ergeben sich zwei aneinander liegende Konturen, die jeweils mit verschiedenen Konturen der folgenden Schichtebene verbunden werden. Somit vermittelt ein aus Genzlinien entstandenes Konturstück eine Verzweigungslinie (Bild 4.15).

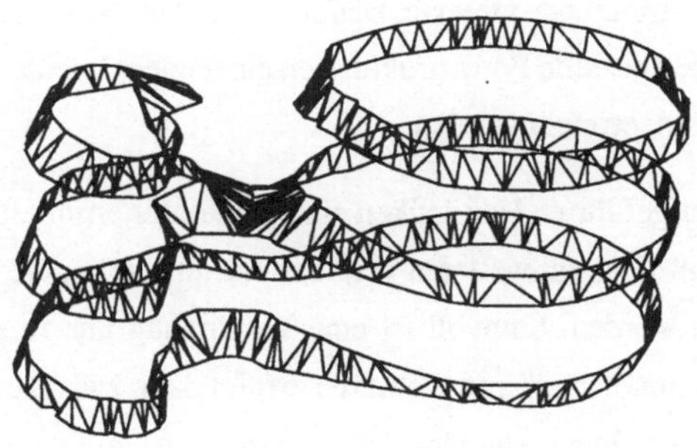

Bild 4.15 beispielhafte Verzweigung

Der Vorgang der Konturabtastung wiederholt sich solange, bis alle Punkte aller ursprünglichen Konturen als bearbeitet markiert sind. Als Ergebnis liefert das Modul neue Konturen, die eindeutig und vollständig Gebieten in der Bildmatrix zugeordnet werden können. Die Konturen der folgenden Schicht werden ebenso der Aufteilung durch die Grenzlinienmaske unterworfen. Die Zuordnung der Teilkonturen zu den Gebieten in der Grenzlinienmaske ist damit für zwei aufeinander folgende Schichten ermöglicht.

4.5.4 Zuordnung der Konturen und Überprüfung der Plausibilität

Als grundlegende Heuristik für die Zuordnung von Konturen, die zu verbinden sind, wird in dieser Arbeit die Lage innerhalb desselben Gebietes der Grenzlinienmaske verwendet. Vielfach genügt dieses Kriterium nicht, um falsche Zuordnungen zu verhindern. Daher werden zusätzliche Heuristiken eingeführt.

Bei der Erzeugung von Teilkonturen entstehen häufig Teilkonturen, die nicht sinnvoll zugeordnet werden können. Charakteristisch für diese Fälle ist, daß das Flächenverhältnis der Teilkontur und der ursprünglichen Kontur sehr klein ist. Dieses Kriterium läßt sich daher verwenden, um eine Zuordnung zu verhindern, falls das Verhältnis einen Grenzwert unterschreitet.

Zusätzlich wird als Kriterium zu Überprüfung einer plausiblen Zuordnung der Abstand der Flächenschwerpunkte der Konturen verwendet. Übersteigt der Abstand einen Maximalwert, erfolgt keine Zuordnung der jeweiligen Konturen.

Die für diese Heuristiken notwendigen Grenzwerte müssen empirisch in Versuchen festgelegt werden. Vorstellbar ist die zukünftige Erfassung optimierter Grenzwerte für verschiedene, zu rekonstruierende Objekte. Dadurch kann eine Anpassung der Rekonstruktionsmethode an die spezielle Formstruktur verschiedener Objekte, die einer bestimmten Klasse angehören, erreicht werden.

Wird anhand der aufgeführten Heuristiken eine Teilkontur ermittelt, die nicht zugeordnet werden soll, muß diese zur weiteren Verarbeitung an eine andere Kontur der Schichtebene angegliedert werden. Sinnvoll ist eine Verbindung nur zu einer angrenzenden Kontur. Eine "Verschmelzung" von Konturen erfolgt dann zwischen Konturen mit maximaler gemeinsamer Grenzlinienlänge. Die gesamte neue Kontur behält die Zuordnungspartner der größeren Teilkontur.

4.6 Polygonapproximierung

Als Informationen stehen bisher die Zuordnung der zu verbindenden Konturen sowie die durch Trennung neu entstandenen Konturen bei Verzweigungen zur Verfügung. Die Konturen selbst sind als geordnete Folge von Koordinatenpaaren der Pixel repräsentiert.

Dies hat zur Folge, daß Konturen aus vielen Punkten dargestellt werden und somit eine große Datenmenge anfällt. Für eine Triangulation könnten diese Punkte grundsätzlich verwendet werden, wodurch allerdings eine Vielzahl von oberflächenbildenden Dreiek-ken entstehen würden. Die Genauigkeit der erzeugten Oberfläche wäre dadurch maximal, jedoch der Aufwand für Speicherung und Manipulation des Objekts ebenso maximal. Es muß daher ein Kompromiß zwischen der Genauigkeit der für die Triangu-lation verwendeten Konturen und dem eingesetzten Aufwand gefunden werden.

Um die Zahl der Konturpunkte zu reduzieren, wird allgemein die Annäherung der Kon-turen durch Polygonzüge mit einer geringeren Punktezahl verwendet. Verschiedene Me-thoden werden in der Literatur zur Polygonapproximation [1.39] [1.40] vorgestellt, die sich durch die Kriterien bei der Bestimmung von Polygonpunkten unterscheiden. Der in [1.40] angeführte Algorithmus wird zunächst zur schnellen Approximation eingesetzt.

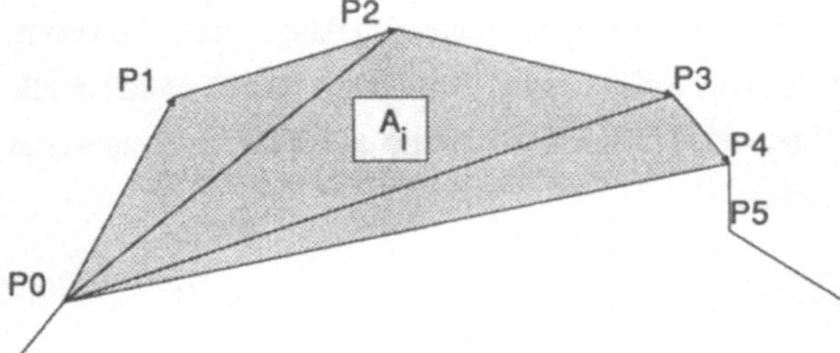

Bild 4.16 Polygonapproximierung durch Flächenberechnung

Als Maß für die Güte der Annäherung dient die Flächenabweichung zwischen Kontur und Polygon. Das Polygon entsteht durch sequentielles Abarbeiten der Konturpunkte und Erzeugung von Polygonsegmenten. Ausgehend von einem ersten Konturpunkt wird zum folgenden Konturpunkt eine Linie erzeugt und der Flächeninhalt zwischen realer Kontur und der Linie errechnet. Der Flächeninhalt stellt die lokale Flächenabweichung zwischen Kontur und Polygon dar. Unterschreitet der Betrag dieser Fläche einen Maxi-malbetrag, wird eine Linie zum nächsten Konturpunkt gezogen und die überstrichene Fläche bestimmt, die zum vorherigen Flächenwert addiert wird. Dieser Vorgang wie-derholt sich solange, bis der Flächeninhalt den Maximalwert überschreitet. Als maxi-maler Wert kann das Produkt aus der Länge der letzten gezogenen Linie und einem Ska-lierungsfaktor verwendet werden. Dabei stellt der Skalierungsfaktor die zulässige Flä-chenabweichung pro Längeneinheit dar. Je größer der Faktor gewählt wird, um so gröber wird die Approximation. Der zuletzt untersuchte Konturpunkt stellt einen Polygonpunkt dar. Andere untersuchte Punkte zwischen dem Start- und Endpunkt werden nicht in das Polygon übernommen.

Ändert die abgesuchte Kontur das Krümmungsverhalten, z.B. bei s-förmigem Verlauf, entstehen "negative" Flächen unter den Verbindungslinien, die eine Verringerung der gesamten Differenzfläche darstellen. Durch dieses Vorgehen können lokale Unregelmä-ßigkeiten im Konturverlauf geglättet werden, da bei entsprechend geringer lokaler Flächenabweichung kein Polygonpunkt gesetzt wird.

Als ein weiteres Kriterium für die Polygonapproximierung wird die Länge des Lotes auf die Verbindungslinie eingeführt [1.39]. Von einem Startpunkt wird eine Verbindungslinie zum übernächsten Punkt der Kontur gezogen. Die Länge des Lotes, das auf die Verbindungslinie vom zweiten Punkt gefällt wird, entscheidet, ob der zweite Punkt als Polygonpunkt übernommen wird. Unterschreitet diese Lotlänge einen Grenzwert, wird das Vorgehen für den folgenden Konturpunkt wiederholt. Damit entfallen alle Punkte zwischen Start- und Endpunkt, die in einen Abstand unterhalb des Grenzwertes von deren Verbindungslinie liegen.

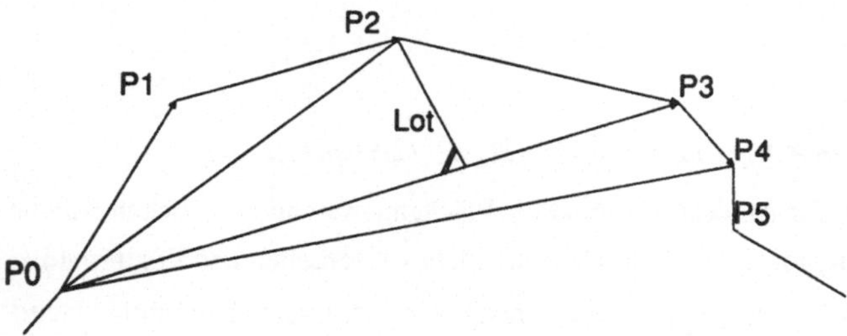

Bild 4.17 Polygonapproximierung durch Lotbestimmung

Der Grenzwert der Lotlänge ist für verschiedene Konturen und geforderte Genauigkeiten bzw. maximalen Punktezahlen empirisch zu ermitteln. Für die zu approximierenden Konturen in Pixelformat ist ein Grenzwert von 0,3 sinnvoll. Dabei kann beispielsweise eine Reduktion von 760 auf 95 Punkte einer Kontur erreicht werden. In Bild 4.18 sind die ursprüngliche Kontur und das approximierende Polygon gegenübergestellt.

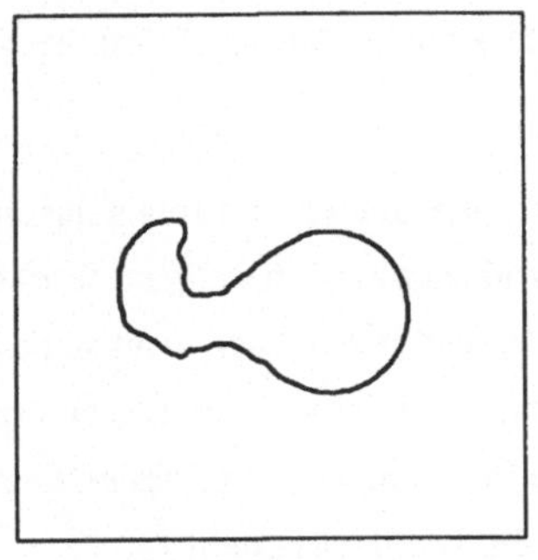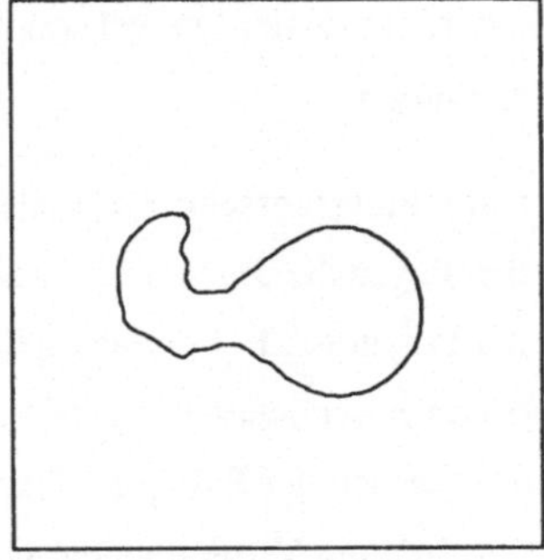

Bild 4.18 Kontur und approximierendes Polygon

4.7 Triangulation

In diesem Zusammenhang soll unter dem Begriff der Triangulation die Erzeugung der Dreiecke verstanden werden, die letztlich die Oberfläche des Objekts darstellen. Grundlage für die Triangulation stellen die vorverarbeiteten Konturen, die nun als Polygone approximiert sind, dar. Weiterhin kann die Information über die Zuordnung abgerufen werden. Eine automatische Durchführung ist daher möglich. Ein unbefriedigendes Ergebnis des automatischen Ablaufs kann durch interaktive Zuordnung von Konturen und Auswahl verschiedener Methoden der Triangulation ausgebessert werden.

In der Literatur werden verschiedene Methoden zur Bildung sinnvoller Dreiecksstrukturen beschrieben, die sich durch ihre Einsatzfähigkeit auf verschieden geformte Polygone und die Berücksichtigung von Relativlagen der Konturen unterscheiden. Da bisher kein allgemein gültiges Verfahren für alle denkbaren Polygonformen und Lagezuordnungen zu verbindender Polygone existiert [1.44], ist es sinnvoll, verschiedene Methoden zu implementieren, um für verschiedene Fälle eine geeignete Auswahl treffen zu können.

Eine erste Triangulationsmethode wird in Anlehnung an das in [1.45] vorgestellte Verfahren entworfen. Dazu werden in zwei zugeordneten Polygonen die Punkte mit dem kürzesten euklidischen Abstand gesucht. Diese Punkte dienen als Startpunkte für die Triangulation. Für ein zu erzeugendes Dreieck muß nun entschieden werden, auf welchem Polygon der nächste Punkt im Umlaufsinn verwendet werden soll. Dazu wird für die beiden Folgepunkte in beiden Polygonen der Abstand zum jeweilig auf der anderen Kontur liegenden Startpunkt bestimmt. Der Punkt, der einen minimalen

Abstand ergibt, wird als dritter Dreieckspunkt und als neuer Startpunkt für die weitere Bearbeitung genommen.

Durch diese Verarbeitungsvorschrift schreitet die Triangulation im Umlaufsinn der Polygone fort. Dabei liegen die Spitzen der Dreiecke idealerweise in stetigem Wechsel auf einem der beiden Polygone. Bei einfach geformten und in der Lage nicht stark zueinander verschobenen Polygonen sind gute Ergebnisse mit dieser Methode zu erzielen. Bei komplexeren Formen der Polygone führt die Berechnung der kürzesten Dreiecksseite jedoch zu unsinnigen Verbindungen, wie in Bild 4.19 dargestellt.

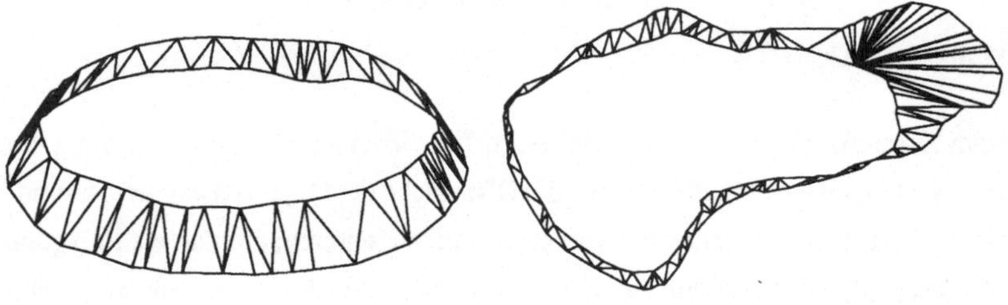

Bild 4.19 beispielhafte Triangulationsergebnisse

Aus diesem Grund wird ein weiterer Algorithmus, basierend auf dem Graphenverfahren, das in [1.3] angeführt wird, für die Triangulation implementiert. Um das Verfahren anwenden zu können, muß eine (m x n)-Matrix aller an der Triangulation beteiligten Punkte aufgestellt werden. Das "kleinere" Polygon, d.h. das mit der geringeren Punktezahl, wird den Matrixelementen in Zeilenrichtung, das Polygon mit der größeren Punktezahl entsprechend den Elementen in Spaltenrichtung zugeordnet. In dieser Matrix repräsentieren besetzte Elemente eine Verbindung zwischen zwei Punkten. Für eine sinnvolle Erzeugung der Dreiecksstruktur erfordert das Verfahren, einen geschlossenen Pfad von aneinanderliegenden besetzten Elementen zu bestimmen, der damit alle oberflächenbeschreibende Dreiecke repräsentiert. Das Vorgehen wird dahingehend erweitert, daß für die ersten in die Matrix einzutragenen Verbindungen die Punkte bestimmt werden, die bezüglich des Schwerpunkts der einzelnen Konturen den in den Schwerpunkt verschobenen Koordinatenachsen am nächsten liegen. Diese Punkte werden zugeordnet und ergeben erste Verbindungspunkte im Verbindungsgraphen. Wie in Bild 4.20 gezeigt, kann somit eine Partitionierung in vier zu verbindende Teilkonturen vorgenommen werden und es ist nicht nur ein Punkt wie in [1.3] zugeordnet.

Für jeden Polygonpunkt der kleineren
Kontur werden anschließend weitere zugeordnete Punkte auf dem größeren Polygon
gesucht. Während in [1.3] eine Zuordnung
anhand der Krümmungsänderungen im
Konturverlauf vorgenommen wird, erfolgt
die Zuordnung in dieser Arbeit durch einen
Vergleich der Zahl der bearbeiteten Poly-

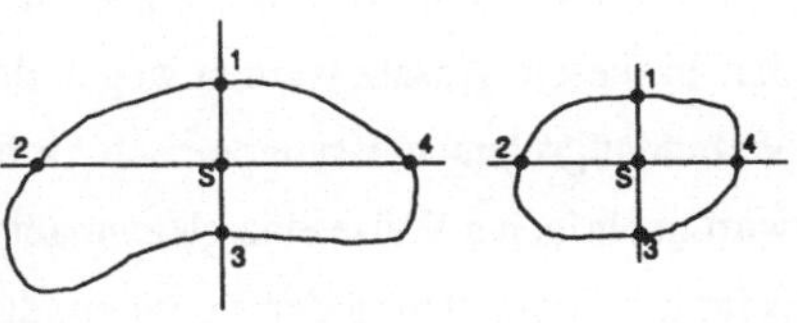

*Bild 4.20 Zuordnung achsnaher
Konturpunkte*

gonpunkte auf beiden Konturen. Aus den Anzahlen der Polygonpunkte beider Konturen läßt sich das Verhältnis berechnen. Für jeden Polygonpunkt der kleineren Kontur
wird mit diesem Verhältniswert aus der Ordnungsnummer des Punktes eine Ordnungsnummer eines Punktes der größeren Kontur errechnet. Als Ordnungsnummer wird in
diesem Zusammenhang die Position auf den Matrixspalten bzw. -zeilen, die wiederum
die Punktereihenfolge innerhalb der Konturen wiedergeben, verstanden. Die somit ermittelten zugeordneten Punkte stellen weitere Verbindungselemete in der Matrix dar.

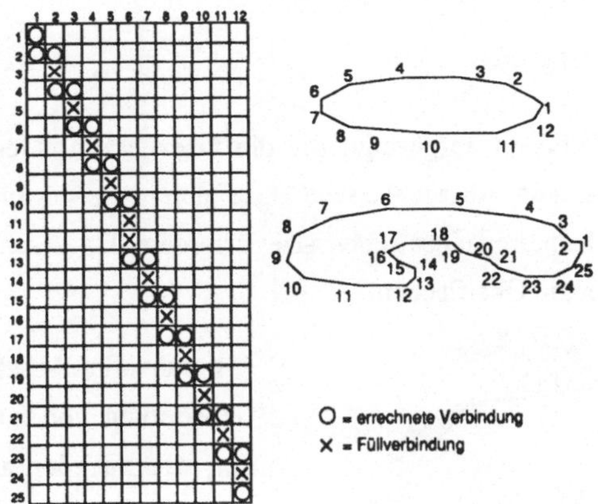

Bild 4.21 Matrix mit errechneten Verbindungspunkten

Die für die Darstellung eines durchgehenden Pfades fehlenden Matrixelemente werden
anschließend nach den geforderten Randbedingungen der Triangulation erzeugt. Es darf
dabei von einem Matrixelement zu nächsten Pfadelement nur durch Erhöhung des
Spalten- oder Zeilenindex fortgeschritten werden [1.3]. Alle nach diesen Vorgaben erzeugten geschlossenen Pfade zwischen bereits bestimmten Verbindungen ergeben eine
Dreiecksstruktur, die vollständig alle Polygonpunkte beinhaltet. Verbleibende Mehrdeu-

57

tigkeiten zur Definition eines Pfades stellen nur eine andere Anordnung der Dreiecke dar. In diesem Ansatz werden wegen des geringeren Berechnungsaufwands fehlende Verbindungselemente symmetrisch zu den bestimmten Verbindungen gesetzt. Damit wird in einfacher Weise eine gleichmäßige Anordnung der Dreiecke erreicht. Bild 4.22 zeigt die Triangulation der Konturen, die zu der in Bild 4.19 dargestellten unsinnigen Darstellung auf Grund des einfachen Algorithmus führen.

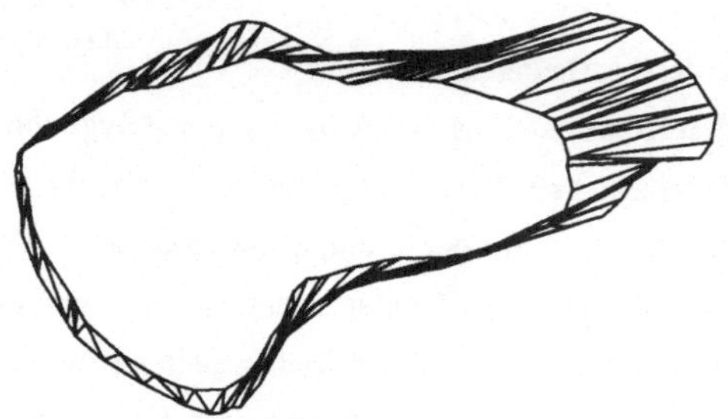

Bild 4.22 Triangulation des Beispiels Bild 4.19 rechts

4.8 Abschluß von Objekten

Bisher wurden Methoden aufgezeigt, die die Oberflächenbildung zwischen zwei Schichtebenen behandeln. Abgeschlossene "Äste" einer verzweigenden Struktur sowie die jeweils letzten Konturen eines Datensatzes erfordern das Abschließen der Objekte durch geeignet erzeugte Oberflächen.

Bild 4.23 Abschluß von Objekten

Als sinnvoller Ansatz erweist sich die Generierung von zusätzlichen Konturen, die aus der abzuschließenden letzten Kontur berechnet werden. Der Flächenschwerpunkt der Kontur dient hierbei als Zentralpunkt für eine zentrische Streckung. Es werden vier zusätzliche ineinanderliegende Konturen erzeugt. Um eine Wölbung der abschließenden Kuppe einer Kontur zu erhalten, werden die neuen Konturen mit einem interaktiv zu bestimmenden Versatz in der Höhenlage zueinander verschoben. Anschließend können die implementierten Triangulationsalgorithmen angewendet werden, um die Oberfläche zu erhalten. Punkte des zentralen Polygons werden mit dem Flächenschwerpunkt verbunden, wodurch die letzte Fläche generiert ist.

Die für den gesamten Vorgang der Modellrekonstruktion vorgestellten Algorithmen können automatisch nacheinander ablaufen. Für viele Objekte entstehen dabei sinnvolle Computermodelle, wie in Bild 4.24 beispielhaft am Modell eines Femurs gezeigt .

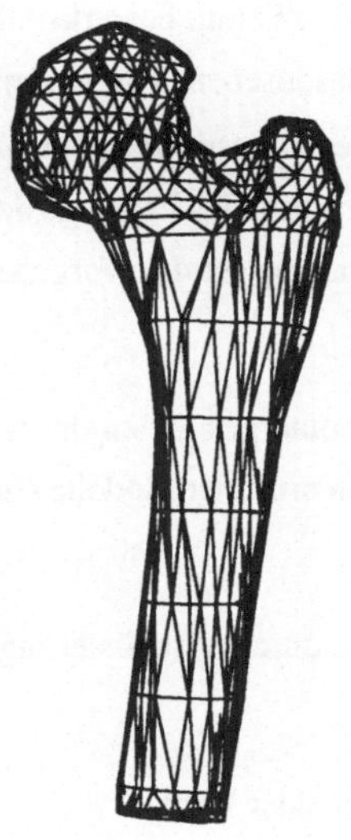

Bild 4.24 rekonstruierter Oberschenkelknochen

Versagt die Methode bei komplexen Formen und genügt das Modell daher den optischen Anforderungen nicht, kann auf die in den Einzelschritten gewonnenen Ergebnisse zugegriffen, diese korrigiert werden, und durch interaktive Benutzerangaben ein verbessertes Modell mit geringem zusätzlichem Aufwand generiert werden.

5. Computergestützte Planung einer Osteotomie durch Simulation

5.1 Anforderungen

Ziel einer Umstellungsosteotomie ist es, bestehende Fehlstellungen des Beins zu korrigieren oder Bereiche beschädigten Hüftgelenkknorpels aus der Hauptbelastungszone zu drehen. Dazu werden die bereits in Kapitel 2.1 dargestellten Möglichkeiten der intertrochanteren Osteotomie angewandt. Dabei kann festgestellt werden, daß eine Osteotomie durch ebene Schnitte durch den Femur bewerkstelligt wird. Die Lage der verschiedenen Schnitt- oder auch Resektionsebenen muß am betreffenden Objekt festgelegt werden, wobei Fragen zu den gestaltbestimmenden Maßnahmen zu beantworten sind (vgl. Kap. 2.1). Es soll dabei ein optimales Ergebnis der Osteotomie erarbeitet werden. In einem zweiten Schritt der Planung ist das Vorgehen, wie dieses Ergebnis erreicht werden soll, festzulegen.

Für die Durchführung einer computergestützten dreidimensionalen Planung durch Simulation unter Verwendung rekonstruierter Modelle sind daher folgende Grundfunktionen gefordert:

- Begutachtung eines Objekts durch Visualisierung aus verschiedenen Blickrichtungen

- Vermessung gestaltbestimmender Winkel

- Markierung von arthrotischen Hüftkopfbereichen

- Beurteilung der Lage des Hüftkopfs in der Hüftpfanne

- Trennen von Objekten durch ebene Schnitte zur Veränderung der Gestalt

- Bewegen von Objekten und Objektteilen zueinander zur Neukonfigurierung

- Verbindung eines zerteilten Objekts zu einem gestaltmodifizierten Objekt

Aus diesen Grundfunktionen lassen sich die Vorgänge bei der Osteotomie im wesentlichen simulieren. Zusätzlich können weitere Forderungen formuliert werden.

Das Vorgehen bei der Planung muß protokolliert werden, um eine Reproduzierbarkeit zu gewährleisten und um eine Dokumentation der Planung zu erhalten. Sinnvoll ist es auch, bereits in der Planungsphase nach der Ermittlung des optimalen Ergebnisses der Osteotomie die für die Fixierung der Umstellung benötigten Osteosysnthesematerialien zu bestimmen. Dabei ist eine optimale Anpassung der Fixierungen an die jeweilige Osteotomie anzustreben. Eine Simulation des Vorgehens mit Werkzeugen kann die Beurteilung ermöglichen, ob die geplante Osteotomie durchgeführt werden kann oder ob Einschränkungen der Zugänglichkeit durch empfindliche Gewebe zu erwarten sind. Eine Auswahl geeigneter Werkzeuge kann dadurch erreicht werden.

5.2 Begriffserklärungen

Für die im folgenden dargestellte Simulation sollen verwendete Begriffe und Koordinatensysteme definiert werden.

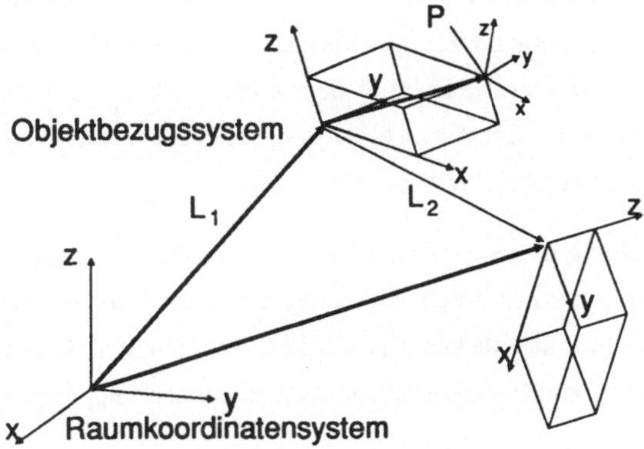

Bild 5.1 Koordinatensysteme

Unter einem, in Bild 5.1 dargestellten Raumkoordinatensystem wird ein kartesisches Rechtssystem verstanden, auf das sich alle Lageangaben von Objekten beziehen. Dieses System beschreibt den dreidimensionalen Raum, der durch den Graphikbildschirm dargestellt wird.

Als Objektbezugsystem wird ein objektfestes Koordinatensystem bezeichnet, das mit dem Raumsystem deckungsgleich liegt, wenn das Objekt in seiner Generierungslage dargestellt ist. Im Objektkoordinatensystem wird die Geometrie des Objekts, wie Punkte, Linien und Flächen, beschrieben.

Als Lage L_1 ist die Verschiebung und Verdrehung des objektfesten zum raumfesten Koordinatensystem definiert. Die Lage setzt sich damit aus einem Translationsvektor der Position P und einer Rotationsmatrix der Orientierung R zusammen. Damit lassen sich alle sechs Freiheitsgrade eines Objekts im Raum beschreiben. Diese beiden Elemente können in homogenen Koordinaten zu einer einzigen (4 x 4)-Matrix zusammengefaßt werden [5.1]:

$$\left(\begin{array}{c|c} R & P \\ \hline 0 & 1 \end{array} \right)$$

R = Rotationsmatrix
P = Positionsvektor
0 = Nullzeile

Ein in Objektkoordinaten angegebener Punkt P kann in Raumkoordinaten angegeben werden, wenn eine Tranformation der Punktkoordinaten in das letztere System durchgeführt wird. Unter dem Begriff der Transformation wird der Übergang von einem Koordinatensystem in ein anderes verstanden. Punkte im Raum sowie auch Positionen von Koordinatensystemen lassen sich dadurch in verschiedenen Systemen beschreiben. Auch die Lageänderung eines Objekt läßt sich als Hinzufügen einer weiteren Transformation L_2 zwischen neuer und ursprünglicher Lage beschreiben.

Durch die Darstellung in homogenen Koordinaten lassen sich Transformationen zwischen Koordinatensystemen durch Verkettung einzelner Teiltransformationen mittels Matrizenmultiplikation ausdrücken. Die in Bild 5.1 dargestellten Beziehungen zwischen dem Raum-, Objekt- und Punktkoordinatensystem können folgendermaßen dargestellt werden:

$$\left(\begin{array}{c|c} R_2 & P_2 \\ \hline 0 & 1 \end{array} \right) \left(\begin{array}{c|c} R_1 & P_1 \\ \hline 0 & 1 \end{array} \right) = \left(\begin{array}{c|c} R_2 R_1 & R_2 P_1 + P_2 \\ \hline 0 & 1 \end{array} \right)$$

Es ist ersichtlich, daß die (4 x 4)-Struktur der Lagematrix erhalten bleibt. Soll das Raumsystem durch ein Zwischensystem ersetzt werden, das seinerseits eine bestimmte Lage gegenüber dem Raumsystem einnimmt, ist lediglich dessen Lagematrix linksseitig aufzumultiplizieren.

5.3 Einbindung der Planung in ein bestehendes Simulationssystem

Die Simulation der Osteotomie wird innerhalb eines bestehenden Programms für ein Simulationssystem durchgeführt[1]. Die Konfiguration eines Arbeitsplatzes ist in Bild 5.2 dargestellt.

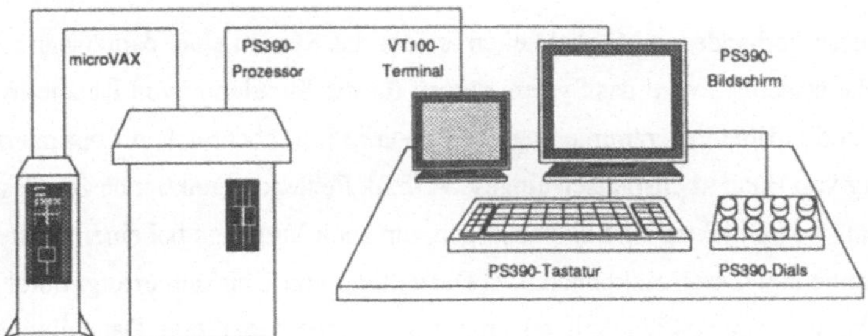

Bild 5.2 Arbeitsplatz des Simulationssystems

Als Hardware steht ein Rechner zur Ansteuerung des Rastergraphikbildschirms, ein Hostrechner, auf dem das Programm zur Simulation abläuft, sowie ein alphanumerisches Terminal zur Verfügung. Benutzereingaben können über Tastatur, Tablett oder Drehgeber erfolgen.

Objekte für eine Simulation können von CAD-Systemen übernommen werden. Eine Darstellung erfolgt in Drahtlinienmodellen, wobei die Modelle aus Flächen, Linien und zugehörigen Punkten aufgebaut sind. Gekrümmte Flächen werden durch eine polygonisierte Darstellung repräsentiert.

Das System bietet folgende Möglichkeiten:

- Änderung der Betrachtungsrichtung auf das dargestellte Raumvolumen in Echtzeit

- Veränderung der Lage von Objekten durch numerische oder graphische Benutzereingaben

---

1   *Entwicklung des iwb TU München [5.4]*

- Veränderung der Sichtbarkeit von Objekten

- Verkettung von Objekten zur Durchführung gemeinsamer Lageänderungen

- Programmierung und Simulation von Robotern

- Darstellung von Bewegungsabläufen in Echtzeit

Mit diesen vorhandenen Möglichkeiten erlaubt das System eine realitätsnahe Simulation. Hauptsächlich wird das System derzeit für die Simulation von Robotermontagezellen und Offline-Programmierung der Roboter [5.2], aber auch zur optimierten Gestaltung von Handarbeitsplätzen eingesetzt [5.3]. Fehlende Funktionen zur Gestaltveränderung von Objekten sind hinzuzufügen, um auch Vorgänge bei einer Umstellungsosteotomie simulieren zu können. Die Darstellung von Objekten erfolgt durch Drahtmodelle, um Echtzeitfähigkeit zu erreichen. Flächenschattierte Darstellungen sind möglich. Eine Echtzeitfähigkeit bei flächenschattierter Darstellung ist jedoch erst auf zukünftiger Hardware realisierbar.

5.4 Funktionen zur Veränderung von Objekten

5.4.1 Trennen eines Objekts durch ebenen Schnitt

Wesentlicher Vorgang der Osteotomie ist das Trennen eines Objekts durch einen ebenen Schnitt. Da dieser Vorgang bei einer Planung mehrmals durchgeführt werden muß bis ein optimales Ergebnis ermittelt wurde, soll eine schnelle Durchführbarkeit möglich sein. Die Definition der Lage des zu schneidenden Objekts zur Schnittebene muß vom Arzt in beliebiger Lage durch eine geeignete Benutzerinteraktion durchführbar sein.

Für die Realisierung eines Trennalgorithmus wird vorausgesetzt, daß nur triangulierte Objekte zu trennen sind. Dadurch ist eine schnellere Durchführung der Berechnungen wegen geringerer Zahl von zu behandelnden Sonderfällen möglich. Die Lage der Schnittebene wird durch eine graphische Darstellung der Ebene zum Objekt ermöglicht. Im Gegensatz zu dem in [1.4] dargestellten System, kann dabei die Ebene wahlfrei zum Objekt positioniert und eine Betrachtung der Schnittkonstellation aus allen Richtungen in Echtzeit vorgenommen werden. Für die Berechnung des Schnitts wird eine unendliche Ausdehnung der Ebene angenommen, wodurch eine weitere Steigerung der Ausführungsgeschwindigkeit möglich ist, da keine rechenzeitintensiven Bereichsabfragen erforderlich sind. Nacheinander werden alle Elemente eines durch Triangulation rekonstruierten Objekts bearbeitet. Dabei wird entschieden, welche Dreiecke durch eine Trennlinie aufzuteilen sind. Gegebenenfalls muß ein entstehendes Viereck in zwei Dreiecke aufgeteilt werden. Dies ist nötig, um mehrfache Schnitte an einem Objekt durchführen zu können. Das grundlegende Vorgehen des Algorithmus ist in Bild 5.3 dargestellt.

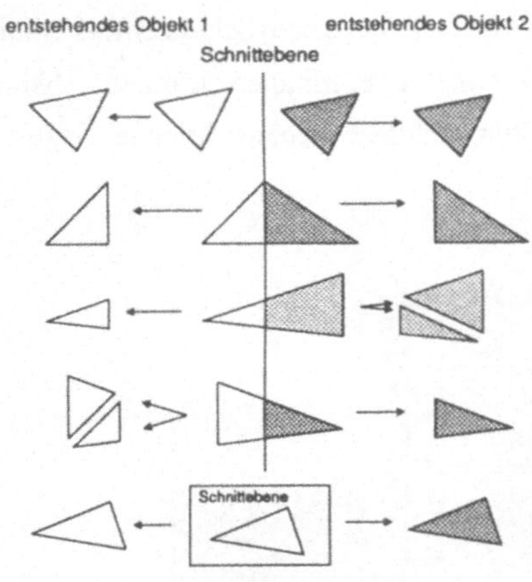

Bild 5.3 Trennung der objektaufbauenden Dreiecksstruktur

Nach der Trennung stehen zwei neue Objekte zur Verfügung, die einzeln bewegt werden können. Zusätzlich werden die Schnittlinien in der Ebene erzeugt. Das ursprüngliche Objekt bleibt im Hintergrund erhalten, wodurch jederzeit darauf zurückgegriffen werden kann. Der Trennvorgang wird durch Angabe der Lage der Trennebene und des zu trennenden Objekts sowie der entstehenden Teilobjekte protokolliert. Dadurch sind identische Schnitte jederzeit durch numerische Lageangaben reproduzierbar.

5.4.2 Gestaltveränderung durch Verschneidung von Objekten

Um beliebige Gestaltveränderungen vornehmen zu können, wird ein Algorithmus implementiert, der es erlaubt, beliebig geformte Objekte, die z.B. in einem CAD-System generiert wurden, mit Objekten zu verschneiden, wodurch Teilstücke aus Objekten zu entfernen sind. Ein einfaches Beispiel ist in Bild 5.4 dargestellt.

Durch Verschneidung mit rekonstruierten Objekten lassen sich komplexe Vorgänge z.B. beim Einsatz eines Kugelfräsers oder Bohrwerkzeugs zur Aushöhlung einer Knochenstruktur simulieren (Bild 5.5).

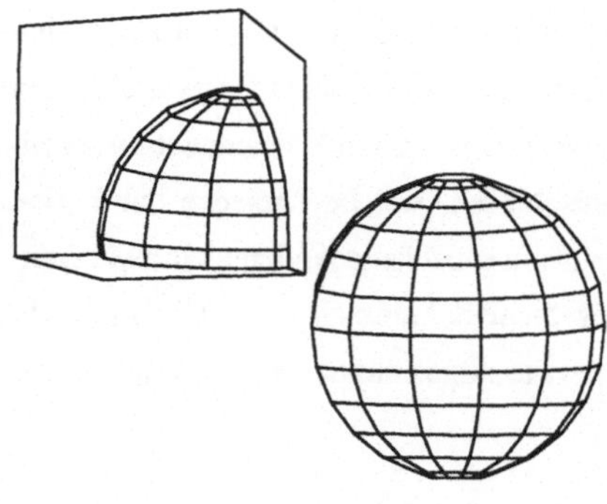

Eine Protokollierung erfolgt durch Angabe der Lage der bearbeiteten Objekte und der entstehenden Teilobjekte zueinander. Da jedoch eine Betrachtung der Volumen zur Berechnung erfolgen muß, wobei alle Flächen und Linien gegeneinander auf Verschneidung mit einer hohen Zahl von Sonderfällen (Punkt auf Linie) sowie Bereichsabfragen untersucht werden müssen,

Bild 5.4 Verschneidung von Objekten

können z.B. bei einem Schnitt eines Femurmodells mit einer Kugel Bearbeitungszeiten von mehreren Minuten auftreten. Abhilfe können hier optimierte Algorithmen oder leistungsfähigere Rechner bringen.

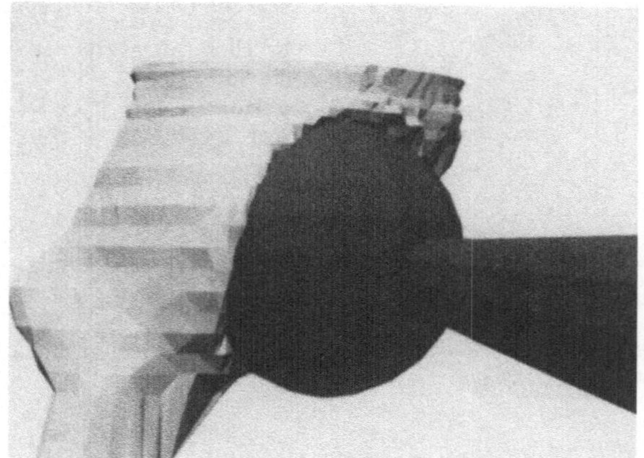

Bild 5.5 Simulation eines Kugelfräsereinsatzes

5.4.3 Verbinden von getrennten Objekten

Für die Beurteilung des Ergebnisses einer Operation z.B. bei der Verlängerung eines Beins, kann es hilfreich sein, eine Darstellung eines "zugewachsenen" Trennschnitts zu erhalten. Da bei den oben beschriebenen Verfahren jeweils die Schnittkonturen erzeugt werden, können zwischen je zwei Konturen die beschriebenen Triangulationsverfahren angewendet werden. Dadurch ergibt sich eine Verbindung der Teilobjekte.

5.4.4 Meßfunktionen

Zur Erfassung des Istzustands eines Femurs ist die Bestimmung des CCD-Winkels und des Antetorsionswinkels nötig. Dazu sind verschiedene Vorgehensweisen möglich.

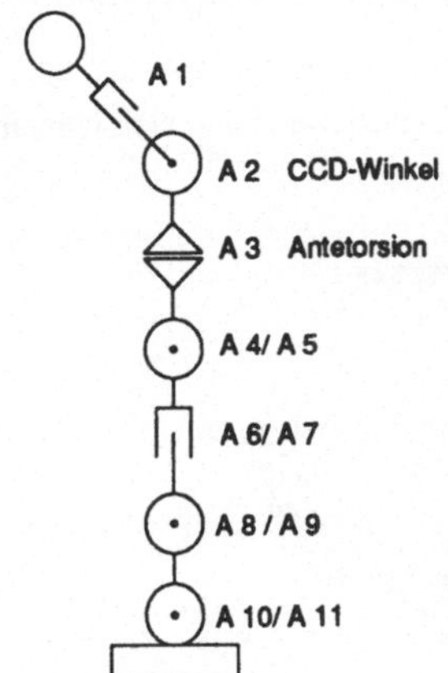

Bild 5.6 Meßinstrument

Das Simulationssystem erlaubt den Aufbau beweglicher kinematischer Ketten. Ein "Muster-Femur" wird als graphisches Meßinstrument eingesetzt. Dieser stellt eine kinematische Kette, die aus einfachen Objekten aufgebaut ist, dar und läßt sich in Echtzeit durch Eingabe der Werte für einzelne Koppelglieder (Achsen) über die Drehgeber verändern. Die Struktur des Meßinstruments ist in Bild 5.6 dargestellt.

Die Messung erfolgt durch optimale graphische Überlagerung des Meßinstruments mit dem zu vermessenden Femur. Das Instrument kann dabei in den Beweglichkeiten ideal an die Gestalt des vorliegenden Femurs angepaßt werden, wobei Schenkelhalslänge, CCD- und Antetorsionswinkel, Schaftlänge und -krümmung sowie der Neigungswinkel der Kniegelenkachse einstellbar sind. Die bei idealer Deckung eingestellten Winkelwerte am Instrument geben die gesuchten Größen an. Gemessen werden CCD- und Antetorsionswinkel.

Durch Definition von vier Schnittebenen am Femur können vier Schnittkonturen bestimmt werden. Durch die Mittelpunkte der Konturen lassen sich die Mittelachsen des

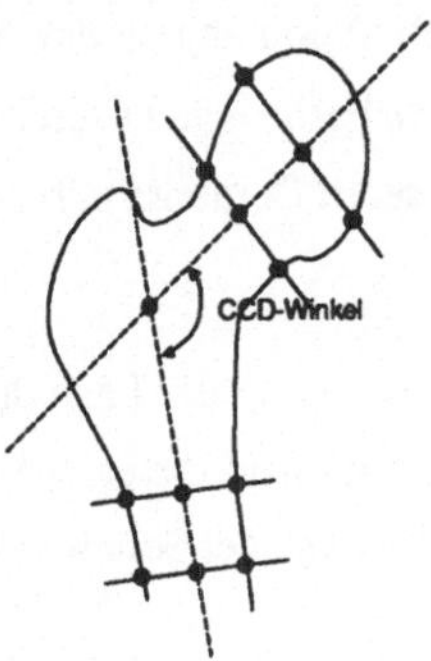

Bild 5.7 Messung des CCD-Winkels durch Mittelachsen

Femurschafts und des Schenkelhalses definieren. Der Schnittwinkel der Achsen gibt den CCD-Winkel an. Dieses Vorgehen stellt die Übertragung der in [2.6] dargestellten Methode vom Zwei- ins Dreidimensionale dar (Bild 5.7).

Als einfachste Möglichkeit zur Messung des CCD- Winkels stellt sich die Einstellung der frontalen Projektion am Bildschirm dar. Dabei ist der CCD-Winkel in

die Bildschirmebene gelegt und kann in seiner wahren Größe durch die vorhandenen
Meßfunktionen des Simulationssystems vermessen werden.

5.5 Ablauf einer beispielhaften Planung

Mit den bereits vorhandenen und den oben dargestellten Funktionen kann eine beispielhafte Planung einer Osteotomie durchgeführt werden.

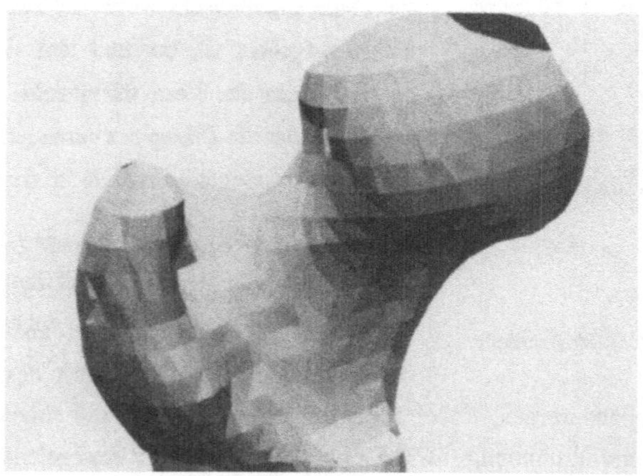

Bild 5.8 markiertes Arthrosegebiet

Zunächst erfolgt eine Markierung des durch Arthrose beschädigten Bereichs des Hüftkopfes durch Einfärbung der entsprechenden Flächenteile. Der Arzt muß dabei seine
Erkenntnisse aus der Diagnosestellung einbringen. Die Flächen können dabei interaktiv identifiziert oder vom Objekt mittels einer Trennfunktion abgetrennt werden. Das
dadurch entstehende Teilobjekt kann durch eine andere Farbe gekennzeichnet werden.
In Bild 5.8 ist das Arthrosegebiet vom Femur zur besseren Demonstration farblich ab-
gehoben.

Durch Visualisierung des Beckenknochens ist eine Beurteilung der Lage der Hauptbelastungszone im Gelenks möglich. Am Modell des Femurs wird die erste Schnittebene
definiert und eine Trennung durchgeführt (Bild 5.9). Die Lage der Schnittebene ist nach
Erfahrungswerten des Arztes festzulegen.

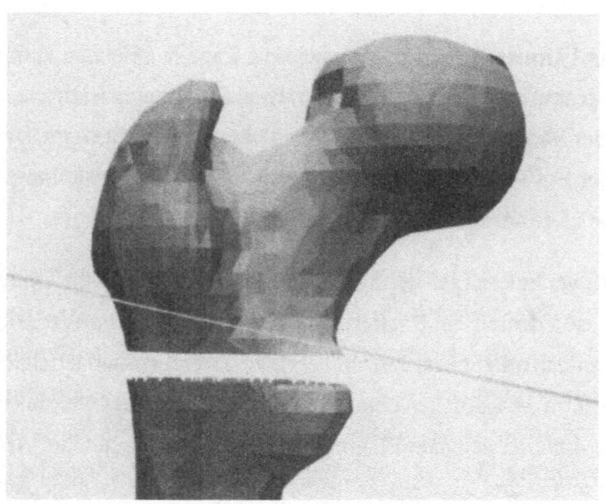

5.9 Definition der ersten Trennebene

Es entstehen ein Teilobjekt A, das den Hüftkopf, und ein Teilobjekt B, das den Femurschaft darstellt. Durch Rotation des Objekts A um den Hüftkopfmittelpunkt läßt sich eine Lage einstellen, die eine Druckentlastung der beschädigten Knorpelbereiche ermöglicht.

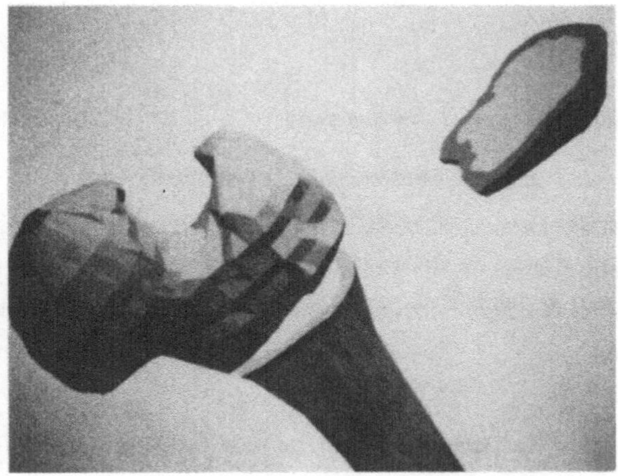

Bild 5.10 abgetrenntes Keilstück

Die zweite Schnittebene kann nun durch graphische Plazierung so gelegt werden, daß Durchdringungen der beiden Teilobjekte durch Entnahme eines Keilstücks beseitigt werden. In Bild 5.10 ist das herauszutrennende Keilstück abgetrennt dargestellt.

Die Größe des Umstellungswinkels sowie die Lage der Ebenen zum Objekt läßt sich jeweils aus den protokollierten Daten der Trennfunktionen bestimmen. Sollen die Ansatzpunkte der Bänder durch die Umstellung nicht beeinflußt werden, kann z.B der Trochanter Major von Teilobjekt A getrennt werden. Nach der Umstellung muß eine weitere Schnittebene zu entfernende Strukturen kennzeichnen.

Da bei Objektveränderungen neue Objekte generiert werden, alte Objekte jedoch erhalten bleiben, ist jederzeit ein Rückgriff möglich, wodurch eine Variation des geplanten Vorgehens einfach möglich ist und ein Vergleich zweier Planungen durchgeführt werden kann. Es stellt im wesentlichen eine Übertragung des bisher zweidimensionalen Vorgehens in eine dreidimensionale Planung dar. Durch die räumliche Visualisierung kann eine Umstellung in drei Winkeln sowie die Schnittführung dafür geplant werden, wobei dies an einem Modell erfolgt (Bild 5.12)

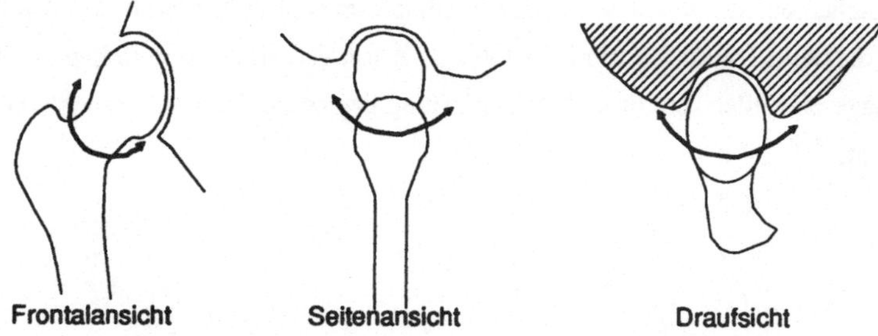

Bild 5.12 dreidimensionale Korrekturmöglichkeiten

Im Gegensatz dazu kann anhand von Röntgenbildern eine Planung nur in zwei Winkeln erfolgen. Dabei werden die Winkel in getrennten Bildern der Seiten- und Frontalaufnahme ermittelt, wodurch eine gegenseitige Beeinflußung der Winkel nicht erfaßt werden kann.

5.6 Simulation des Werkzeugeinsatzes, Auswahl von Osteosynthesematerial

Steht das optimale Ergebnis einer geplanten Osteotomie fest, muß die Durchführung mit Werkzeugen geplant werden. Dabei sollen optimale Werkzeuge und zulässige Werkzeugwege ermittelt werden. Dazu werden CAD-Modelle der vorhandenen Werkzeuge generiert und in das Simulationssystem übertragen. Die Werkzeuge lassen sich durch die Funktionalität des Simulationssystems an die bereits definierten Resektionsebenen bewegen. Bewegungsabläufe können als Pseudo-Roboterprogramme programmiert werden, wodurch sich z.B das in Bild 5.13 dargestellte Eindringen einer oszillierenden Knochensäge simulieren läßt.

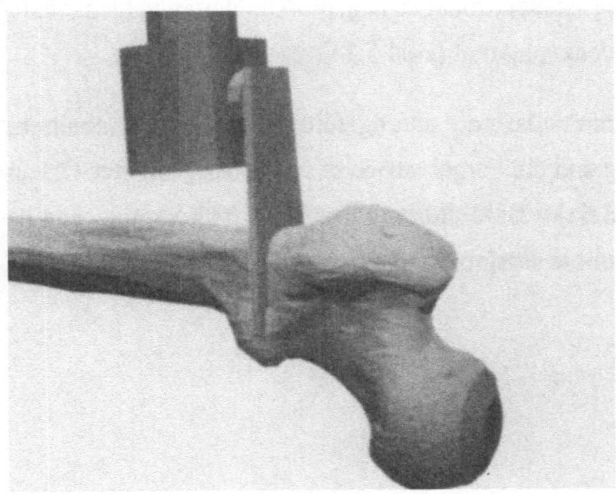

Bild 5.13 Simulation eines Sägewerkzeugs

Durch eine visuelle Kontrolle erfolgt die Bestimmung eines optimalen Werkzeugs aus einer Reihe von verfügbaren Geräten. Zulässige Werkzeugwege lassen sich ebenfalls visuell ermitteln. Das Ausfräsen der Hüftpfanne mit einem Kugelfräser bei einer Endoprothesenimplantation kann durch Verschneiden des Modells der Hüfte mit einer Kugel dargestellt werden. Dabei kann ein unzulässiges Durchstoßen des Beckenknochens bei zu tiefem Eindringen erkannt werden.

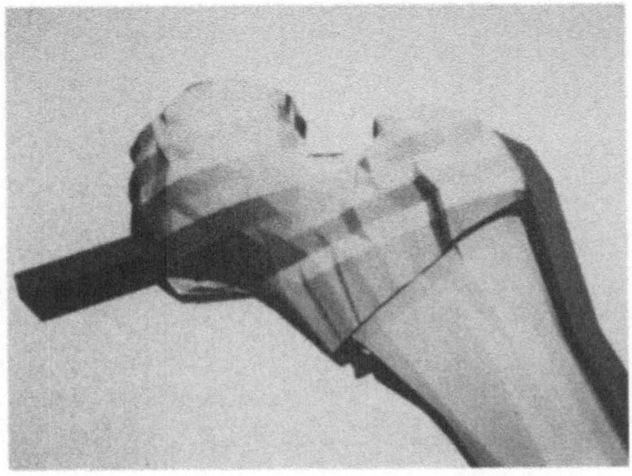

Bild 5.14 Fixierungsschiene am Femur

Eine Auswahl des geeignetsten Osteosysnthesematerials kann durch Vergleich verschiedener Fixierungsschienen am umgestellten Femurmodell durch visuelle Beurteilung erfolgen. Im besonderen ist darauf zu achten, daß die in den Hüftkopf einzuschlagende Klinge der Fixierungsschiene nicht zu lang gewählt wird und nicht, den Hüftkopf durchstoßend, in den Gelenkspalt ragt (Bild 5.14).

Die Planung ist damit vollständig durchgeführt. Die Lage der Schnittebenen, das einzusetzende Werkzeug und die Vorgehensweise sowie das geeignete Osteosynthesematerial sind bestimmt. Bei der Durchführung des Eingriffs kommt es nun darauf an, die gewonnenen Erkenntnisse entsprechend genau auf die realen Verhältnisse umzusetzen.

6. Operationsunterstützende Maschine

6.1 Anforderungen

Um die in der Planungsphase erarbeitete Vorgehensweise mit einer gesteigerten Genauigkeit als dies dem Arzt möglich ist, in die Realität umsetzen zu können, ist eine Maschine gefordert, die die geplanten Schnitte der Osteotomie in einer geeigneten Weise exakt zum Objekt durchzuführen gestattet. Da hierbei mindestens sechs Freiheitsgrade zur Erzielung einer maximalen Flexibilität der Mechanik erforderlich sind, um beliebige Schnittlagen in Position und Orientierung zuzulassen, bietet sich der Einsatz eines Roboters an (vgl. Kap. 1).

In der Industrie werden Roboter als Bewegungsmaschinen für die bedienarme und flexible Gestaltung und Durchführung von Produktionsprozessen eingesetzt. Die Vorteile des Roboters im Vergleich zur menschlichen Arbeitskraft sind die größere reproduzierbare Arbeitsgenauigkeit, die höhere Arbeitsgeschwindigkeit, die kontinuierliche Arbeitsweise bei gleichbleibender Leistung und gleichbleibenden Arbeitsergebnissen [6.1].

Die Voraussetzungen und Beweggründe für den Einsatz eines Roboters in der Chirurgie werden zwangläufig anders als bei industriellem Einsatz aussehen. Bei der Vielfalt der chirurgischen Eingriffe und Techniken jedoch kann die Zuhilfenahme eines Roboters nur in bestimmten Fällen sinnvoll sein, d.h. in den Fällen, wo die Vorteile des Roboters gegenüber dem Menschen zum Tragen kommen.

Der entscheidende Vorteil des Roboters beim Einsatz in der Chirurgie liegt darin, daß er vorausplanbare Bewegungen sehr viel genauer in die Realität umsetzen kann als ein Mensch. Dazu gehört das Anfahren von definierten Raumpunkten im Roboterkoordinatensystem. Sinnvoll wird der Robotereinsatz dann, wenn die Bewegungen und Aktionen des Roboters in der Operation exakt in der Planung vorausbestimmbar sind und der Erfolg des chirurgischen Eingriffs entscheidend davon abhängt, inwieweit es gelingt, vorausgeplante Geometriedaten in die Realität umzusetzen. Diese Voraussetzungen sind bei einer Umstellungsosteotomie gegeben.

Im Gegensatz zum Einsatz in der Industrie sind beim Robotereinsatz in der Chirurgie die in Bild 6.1 gezeigten zusätzlichen Anforderungen zu berücksichtigen.

Im folgenden sollen die einzelnen Teilanforderungen kurz dargestellt und konzeptionelle Lösungsansätze aufgezeigt werden. Sie bedürfen jedoch noch einer detaillierten Betrachtung für den speziellen Anwendungsfall bei der Realisierung einer operationsunterstützenden Maschine.

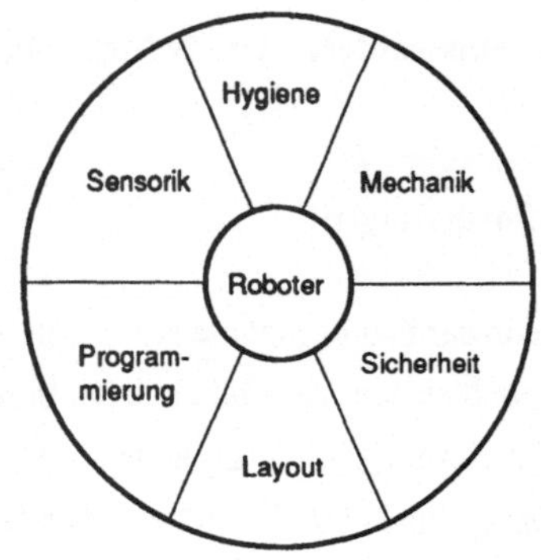

Bild 6.1 Anforderungen an ein Robotersystem

6.2 Mechanik

Um maximale Flexibilität zur erhalten ist der Einsatz eines sechsachsigen Gerätes notwendig. Damit können Raumpunkte mit beliebiger Orientierung im Arbeitsbereich angefahren werden. Das Gerät soll zum Führen von Werkzeugen oder Hilfsmitteln eingesetzt werden, die bisher vom Arzt gehandhabt werden. Chirurgische Werkzeuge, wie z.B eine oszillierende Knochensäge, werden ohne große Kraftaufwendung geführt. Daher ist eine grobe Abschätzung der erforderlichen Tragkraft von fünfzig Newton als sinnvoll anzusehen. Bei der Bestimmung des Arbeitsraums des Roboters muß ein Kompromiß zwischen Flexibilität (großer Arbeitsraum) und Genauigkeit und Anpassung an das Operationsumfeld (kleiner Arbeitsraum) getroffen werden. Als günstig wird ein Arbeitsraumradius von einem Meter angesehen, da die Baugröße eines solchen Gerätes etwa einem menschlichem Arm entspricht und daher eine Einpassung in die Operationsgruppe und bestehende OP-Gestaltung am besten möglich ist. Die Genauigkeit mit der Raumpunkte angefahren werden, ist durch die Positioniergenauigkeit des Roboters gegeben. Sie ist abhängig von der Lage der Position im Arbeitsraum und liegt üblicherweise im Größenordnungsbereich von 1-2 Millimetern. Für die Durchführung einer Umstellungsosteotomie ist dies ausreichend[1]. Da jedoch zusätzliche Fehlerquellen z.B. bei der Referierung des Maschinenkoordinatensystems zum Operationsgebiet zu erwarten sind, ist eine möglichst erhöhte Positioniergenauigkeit anzustreben.

1   *Befragung von Ärzten des Klinikums rechts der Isar München*

6.3 Hygiene

In der Chirurgie bestehen hohe Anforderungen an die Krankenhaushygiene, da in der
operativen Medizin, neben der Belastung des Patienten durch Operation und Narkose,
Eintrittsmöglichkeiten für Krankheitserreger geschaffen werden [6.4]. Um eine Infek-
tion durch Krankheitserreger, die in eine Wunde eindringen können, zu vermeiden,
müssen alle Objekte, die in irgendeiner Weise mit der Blutbahn in Berührung kommen,
sterilisiert werden [6.2]. Für andere Gegenstände ist eine Desinfektion ausreichend. Das
bedeutet, daß Werkzeuge, die der Roboter führen soll, sterilisiert werden müssen. Der
Roboter selbst kann desinfiziert sein. Da jedoch Krankheitserreger hauptsächlich durch
Kontaktkontamination übertragen werden und eine Berührung des Roboters durch den
Operateur mit dessen sterilen OP-Handschuhen nicht auszuschließen ist, muß auch die
Roboteroberfläche steril sein. Dazu stehen die in Bild 6.2 gezeigten Möglichkeiten zur
Verfügung.

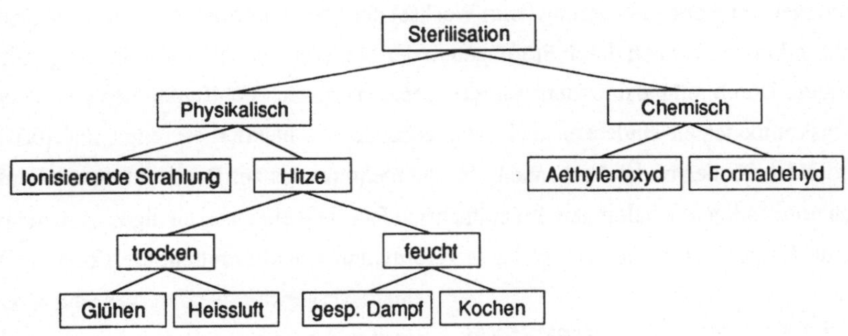

Bild 6.2 Möglichkeiten der Sterilisation [6.2]

Bei der Anwendung der Sterilisationsverfahren muß die Auswirkung auf die Komponenten des Roboters überprüft werden. Eine Dampfsterilisation hätte Schäden an der
elektrischen Ausstattung zur Folge. Strahlungs- und Gassterilisation erfordern
Kammern mit entsprechender Größe. Als praktikable Lösung bietet sich die Abdeckung
des Gerätes mit sterilen Folien oder Tüchern an. Diese Methode wird bisher bei Opera-
tionsmikroskopen und Röntgengeräten sowie beim OP-Personal selbst angewandt. Die
Kühlungsabluft der Robotersteuerung muß geregelt aus dem OP-Saal geleitet werden.
Von Hand zu betätigende Bedienelemente müssen wegen der Gefahr der Kontaktkontamination ebenfalls sterile Oberflächen erhalten.

6.4 Sicherheit

Über die bestehenden Vorschriften für Geräte der Medizintechnik [6.7] hinaus, spielt der Sicherheitsgedanke beim Robotereinsatz im OP eine große Rolle, da sich zwangsläufig Menschen im Arbeitsbereich des Roboters aufhalten müssen. Maßnahmen zur Absicherung von Roboterarbeitsplätzen durch Absperrungen, wie sie in der Industrie angewendet werden [6.5][6.6], können daher nicht getroffen werden, da sich sowohl der Patient als auch der ausführende Arzt im Arbeitsraum des Roboters befinden. Als eine erste Maßnahme kann eine stets reduzierte Arbeitsgeschwindigkeit des Roboters die verbleibende Zeit für einen Bediener, das Gerät anzuhalten, erhöhen. Als zusätzliche Sicherheitsvorkehrung ist ein Zustimmschalter vorzusehen [6.8], sodaß Bewegungen nur ausgeführt werden, wenn dieser gedrückt ist.

Systemversagen durch Spannungsausfall des Stromnetzes ist durch ein für Operationssäle vorgeschriebenes Notstromaggregat vorgebeugt [6.7]. Geprüft werden muß das Verhalten der Robotersteuerung beim Wechsel der Spannungsquelle. Schwerwiegende Fehlfunktionen können durch Störungen in der Steuerung des Roboters hervorgerufen werden. Durch redundante Steuerungskonzepte lassen sich Fehlfunktionen von Steuerungskomponenten entdecken und entsprechende Maßnahmen ergreifen [6.9][6.10]. Redundanz bedeutet das Vorhandensein von mehreren als zur Realisierung der Funktion notwendigen Schaltungen. Im einfachsten Fall liegt ein zweikanaliges System vor. Beide Kanäle verarbeiten die gleichen Informationen und ermitteln ein Ergebnis. In einem Vergleicher werden diese auf Übereinstimmung überprüft und erst dann ein Steuerbefehl ausgeführt.

Bisher sind jedoch keine redundanten Robotersteuerungen bekannt. Weitergehende Hinweise zum Sicherheitsaspekt in der Steuerungs- und Robotertechnik sind in [6.11][6.12] zu finden.

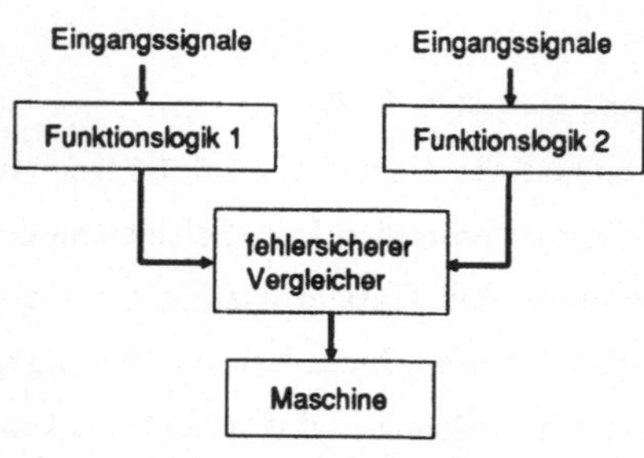

Bild 6.3 Funktionslogik mit fehlersicherem Vergleicher[6.10]

6.5 Programmgenerierung

Entscheidend für die Qualität der Umstellungsosteotomie ist die richtige Lage der geplanten Resektionsebenen relativ zum Femur. Die Genauigkeit soll durch Einsatz eines
Roboters erhöht werden. Um diese Maschine einsetzen zu können, muß ein Bewegungsprogramm erzeugt werden. Für das Verständnis der Bewegungssatzprogrammierung
sind zwei Koordinatensysteme wichtig.

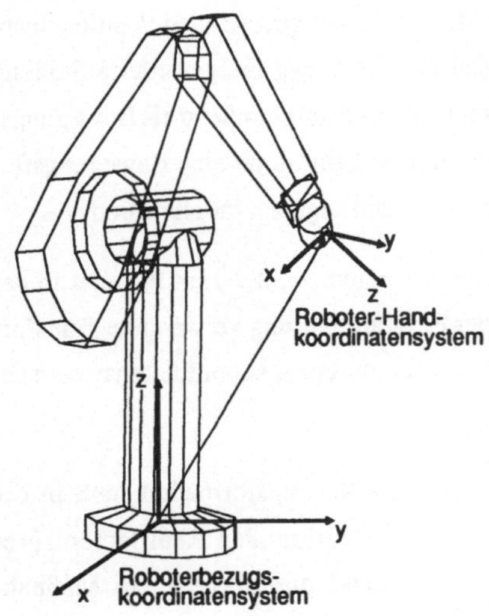

Bild 6.4 Koordinatensysteme eines Roboters

Das in Bild 6.4 dargestellte Roboter-
Handkoordinatensystem liegt im Werkzeugflansch des Roboters. Die Lage des
Koordinatensystem kann durch eine sogenannte Werkzeugkorrektur an den jeweiligen Werkzeugspitzenpunkt transformiert werden. Das Roboterbezugsko-
ordinatensystem ist roboterfest definiert.
Ein Bewegungsatz eines Roboterprogramms gibt demnach die Transformation des Handkoordinatensystems bezüglich des Roboterbezugssystems an. Ein
anzufahrender Raumpunkt muß daher
durch eine Transformation angegeben
werden. Bei der Ausführung dieses Be-
wegungsatzes wird das Handkoordinatensystem zur Deckung mit dem durch den Raumpunkt angegebenen Koordinatensystem gebracht. In der Robotersteuerung werden
durch eine Rücktransformation die einzustellenden Achsgelenkwinkel berechnet [6.17].

Das vielfach bei der Programmierung von Robotern eingesetzte Teach-In kann bei der
Anwendung in der Chirurgie nicht verwendet werden, da in der Operation ein bereits
fertiges Roboterprogramm vorhanden sein muß. Sinnvoll ist daher nur eine Programmierung in der Planungsphase. Das Vorgehen entspricht der Offline-Programmierung
von Robotern mit eigens dafür entwickelten graphischen Programmiersystemen
[6.13][6.18][6.19]. Die Programmgenerierung erfolgt daher im Simulationssystem, das
für die Planung eingesetzt wird.

Zu dem rekonstruierten Modell des Femur wird dazu ein Robotermodell in die Simulation aufgenommen. Die räumliche Zuordnung zwischen Roboter und Femur entspricht dabei etwa den realen Gegebenheiten im OP, die durch das Layout festgelegt sind (vgl. Kap.6.7). Am Werkzeugflansch wird ein Modell des zu handhabenden Werkzeugs durch eine Verkettungsfunktion "befestigt". Als Werkzeug können Sägewerkzeuge oder auch Laser, die eine Schnittlinie anzeigen, in Frage kommen. In der Simulation ist dazu die Ebene des Laserlichts darzustellen. Durch die im Simulationssystem bereitgestellten Programmierfunktionen kann das Robotermodell an die entsprechenden Positionen am rekonstruierten Objekt so bewegt werden, daß das Werkzeug die geforderte Stellung zum Femur einnimmt. Eine angefahrene Position läßt sich anschließend als Bewegungssatz programmieren. Durch eine Reihe von Positionen kann somit eine Bewegungsfolge programmiert werden, wobei auch Geschwindigkeitsangaben möglich sind.

Um das erzeugte Programm an die reale Lage des Femur relativ zum Roboter in der Operation anpassen zu können, muß die bei der Programmierung verwendete Transformation zwischen Roboterbezugs- und Objekt- oder Femurbezugskoordinatensystem abgelegt sein (Bild 6.5).

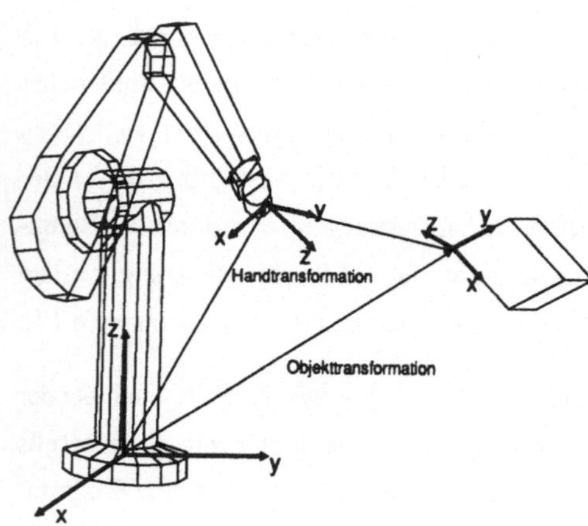

Diese Transformation muß in der Operation der Realität entsprechend durch geeignete Maßnahmen bestimmt werden, wodurch sich alle anzufahrenden Positionen an die korrigierte Lage bezüglich des Roboterkoordinatensystem transformieren lassen. Erst dann ist das Programm sinnvoll in der Operation zu verwenden.

Bild 6.5 Relativtransformation zwischen Roboter und Objekt

6.6 Sensorik, Bestimmung der Lage des Operationsobjekts

6.6.1 Allgemeines

Zusätzlich zu einem Sensorsystem, das die Informationen über Kräfte am Werkzeug-flansch des Roboters liefert, ist eine geeignete Methode zur Lagebestimmung des Femurs in der Operation erforderlich. Ersteres erlaubt die Einhaltung von zulässigen Maximalwerten von Bearbeitungskräften z.B. an Knochengewebe. Ein Überschreiten der Grenzwerte hätte eine unzulässige Schädigung des Gewebes zur Folge [6.16]. Als Sensoren hierfür können handelsübliche Kraft-Momenten-Sensoren eingesetzt werden. Letzteres muß eine Bestimmung der Transformation zwischen Roboter und Objekt er-möglichen. Die Erfassung der räumlichen Zuordnung zwischen ausführender Maschi-ne und dem Zielobjekt ist daher ein wesentlicher Bestandteil des Gesamtkonzepts.

Die Beziehungen zwischen dem Objekt-, Sensor- und Maschinenkoordinatensystem können wie in Bild 6.6 gezeigt, dargestellt werden.

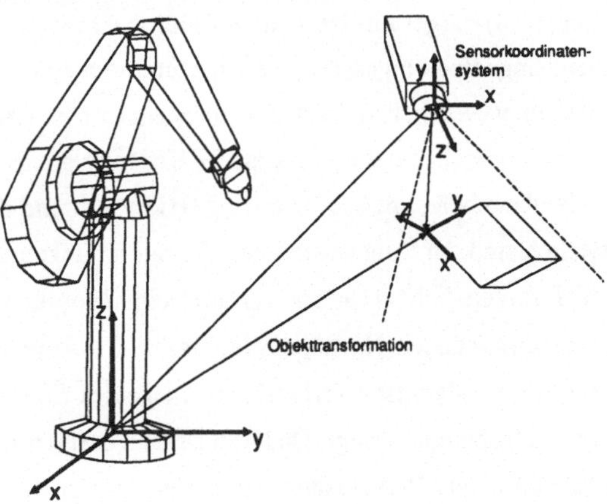

Bild 6.6 Objekt-, Sensor- und Maschinenkoordinaten

Unter dem Begriff der Lagebestimmung wird im weiteren die Beschreibung der Lage eines Objekts im Maschinenkoordinatensystem des operationsunterstützenden Roboters verstanden. Dabei erfolgt die Erfassung der Lage des Objekts durch ein Sensorsystem im weitesten Sinne (vgl. Kap. 6.6.2) und die Beschreibung dieser Lage zunächst im Sen-sorkoordinatensystem. Zwischen Sensor- und Maschinenkoordinatensystem muß eine bekannte Transformation angegeben werden können. Dies erfolgt durch einen Referierungsvorgang, bei dem die Lage eines Objekts vom Sensorsystem bestimmt und im Roboterkoordinatensystem, z.B. durch die Robotermechanik selbst, vermessen wird.

Da sich die Lage des Femurs nicht mit in der Robotertechnik üblichen Sensoren erfassen läßt, sollen verschiedene Möglichkeiten untersucht werden.

6.6.2 Verfahren zur Lagebestimmung

6.6.2.1 Ausgeführte Verfahren bei Maschineneinsatz in der Medizin

Bereits in Kapitel 1 wurden verschiedene Vorhaben dargestellt, die den Einsatz einer Maschine zur Eingriffsunterstützung vorsehen. Dabei werden verschiedene Methoden der Lagebestimmung angewendet, die im Anschluß dargestellt und diskutiert werden sollen.

Im Vorhaben, das in [1.18] dargestellt ist, wird ein Industrieroboter zur Unterstützung von stereotaktischen Eingriffen eingesetzt. Die Lagezuordnung zwischen Roboter und Zielbereich geschieht im wesentlichen durch eine mechanische Fixierung des Schädels. Dazu wird ein speziell entwickelter stereotaktischer Kopfring am Schädel des Patienten mit vier Schraubbolzen befestigt. Der Kopfring fixiert während der CT-Aufnahme den Schädel. Zusätzlich sind am Ring sogenannte "Locators" angebracht. Diese bilden sich in der CT-Aufnahme zum Schädel ab und gestatten eine Zuordnung zwischen Kopfring und ct-vermessenem Schädel. Nachdem die nötigen CT-Aufnahmen erfaßt sind, wird der Patient auf der translatorisch verfahrbaren Liege des Computertomographen in den Arbeitsraum des Roboters bewegt. Dadurch ist eine definierte Lage des Patienten bzw. des Schädels nach der CT-Aufnahme gewährleistet. Der Roboter befindet sich in einer zum CT bekannten und vermessenen Position. Aus den bekannten Lagezuordnungen zwischen den einzelnen Komponenten kann die Lage des Zielgebiets relativ zum Roboter berechnet werden.

Für allgemeine Operationen ist das dargestellte Verfahren jedoch nicht geeignet, da es ein CT-Gerät als Sensorsystem im Operationssaal, der für das Vorhaben eigens eingerichtet wurde, erfordert. Im allgemeinen befindet sich im sterilen OP-Saal kein CT.

Zudem ist am Schädel eine mechanische Fixierung einfach durchzuführen, da der Knochen dicht unter der Hautoberfläche liegt.

Ein weiteres Forschungsvorhaben behandelt den Einsatz eines Roboters zum Ausfräsen der Markraumhöhle eines Femurs [6.21]. Für die Lagezuordnung werden vor der Operation drei Markierungsstifte in den Oberschenkelknochen eingesetzt. Diese bilden sich in den nachfolgend aufzunehmenden CT-Bildern ab. Die CT-Daten werden im Computer zur Generierung eines Roboterprogramms verwendet, wobei die Lage der abgebildeten Marken berücksichtigt wird. In der Operation führt der Operateur den Roboterarm jeweils an die Markierungsstifte. Mit Hilfe einer speziellen Sensorik wird die exakte Lage der Marken relativ zum Roboter erfaßt und eine Anpassung des offline-erstellten Programms an die bestehenden Verhältnisse gegeben. Da die einzubringenden Marken einen zusätzlichen Eingriff erfordern sowie eine Beschädigung der Knochenhaut verursachen, ist das Vorgehen aus medizinischer Sicht nicht optimal, wie in Kapitel 6.6.2.2 anhand der Fixierung des Femurs durch Bolzen näher erläutert.

Die Verbesserung der Genauigkeit einer ct-geführten Punktion durch eine Mechanik wird in [6.20] behandelt. Die Mechanik besteht aus translatorisch und rotatorisch zu bewegenden Elementen, deren einzustellende Werte durch ein Computerprogramm anhand der CT-Daten bestimmt werden. Die Lagezuordnung ist durch die unveränderte Position des Patienten auf der CT-Liege gegeben.

In [1.16] wird der Einsatz eines Roboters zur Durchführung einer Punktion dargestellt. Die Lagezuordnung erfolgt hier durch interaktive Auswertung von Ultraschallaufnahmen des Zielobjekts. Eine Referierung erfolgt zwischen dem Ultraschallgerät und dem Robotersystem. Eine Anpassung eines offline-erstellten Programms gemäß den Sensordaten erfolgt nicht. Vielmehr wird direkt im Ultraschallbild der Ziel- und Eintrittspunkt der Punktion definiert und über die bekannte Lagezuordnung zwischen Sensor- und Roboter die anzufahrenden Raumpunkte für den Roboter berechnet. Eine Planung eines komplexen Eingriffs sowie die Programmierung der Maschine in der Planungsphase ist daher nicht möglich. Die Erfassung des Zielpunktes erfolgt nur zweidimensional, sodaß auch hier Einschränkungen bei der Übertragung auf allgemeinere Problemstellungen auftreten.

6.6.2.2 Angewandte Verfahren der Lagefixierung in der Medizin

Die mechanische Fixierung eines Oberschenkelknochens kann durch Einbringen von Bolzen senkrecht zur Femurlängsachse erreicht werden. Die Bolzen gehen durch das Muskelgewebe und die Knochenstruktur hindurch und stehen beiderseits ca. 10 cm hervor, wodurch eine Einspannung in einen Rahmen möglich wird. Ein in der Medizin übliches Instrument dazu ist ein sogenannter Fixateur externe.

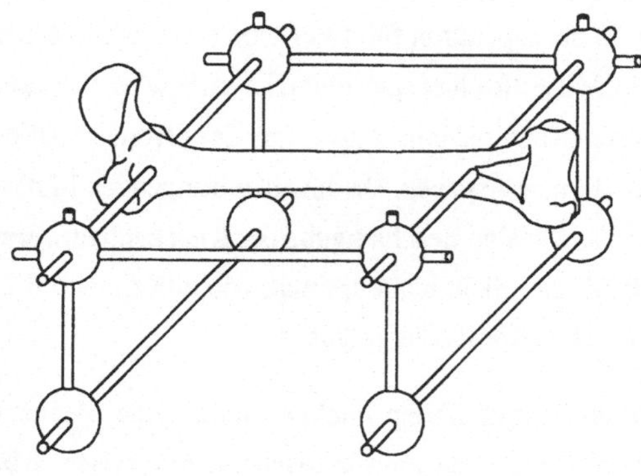

Bild 6.7 Fixateur externe

Dieses Instrument dient zur Fixierung komplizierter Knochenbrüche in einer geforderten Position. Durch einen derartigen Rahmen könnte eine mechanische Referierung des Operationsgebietes erfolgen. Das Bein muß dafür mit dem Rahmen im CT, ähnlich wie in [1.18], vermessen werden. Damit wird die Lage des Knochens relativ zum Rahmen bekannt. Wird der Rahmen anschließend in eine definierte Position auf dem OP-Tisch gebracht, kann mittels einer geeigneten und in der Robotertechnik üblichen Senorik [6.14] die Lage des Rahmens relativ zum Roboter vermessen werden. Damit kann die Lage des Femurs zum Roboter berechnet werden.

Nachteile bringt das Vorgehen mit sich, da zusätzliche Wunden speziell der empfindlichen Knochenhaut verursacht werden, somit die Entzündungsgefahr deutlich erhöht wird, und zusätzliche Eingriffe zur Einbringung der Fixationsbolzen nötig sind[1].

Eine weitere Möglickeit, das Bein sowohl bei den CT-Aufnahmen als auch bei der Operation definiert zu lagern und so eine Lagebestimmung zum Roboter zu erreichen, ist prinzipiell durch eine Fixierung an der Hautoberfläche, durch z.B. eine Gipsform, möglich. Allerdings kann dadurch keine exakte Positionierung gewährleistet werden, da der Femur durch das umgebende Muskelgewebe nicht starr fixiert ist. Da das Bein

---

1   Befragung von Medizinern des Klinikums rechts der Isar München

zudem für einen Eingriff vollständig desinfiziert werden muß, kann das Verfahren nicht angewendet werden.

Als zusätzliche Einschränkung bei der Lagebestimmung und -fixierung kommt hinzu, daß ein möglichst kleines Wundgebiet geöffnet werden soll. Daher ist ein Anfahren von markanten Objektpunkten, sozusagen natürlichen Markierungen, mit einem Sensor durch den Roboter oder im Teach-In-Modus mit Unterstützung des Arztes unmöglich. Als natürliche Marken können alle objektspezifischen Merkmale oder signifikanten Punkte und Bereiche dienen. Diese müssen jedoch sowohl in CT-Aufnahmen bzw. im rekonstruierten Objekt erfaßbar und zur Definition eines objektfesten Bezugspunkts verwendbar sein. In der Realität muß eine geeignete Sensorik diese Punkte orten können. Im Bereich des Hüftgelenks bleiben auch die Bänder und Muskelansätze weitgehend unverändert, wodurch auch die Trochanter in zusätzlicher Gewebemasse verborgen sind und daher nicht für eine Lagezuordnung verwendet werden können.

6.6.2.3 Folgerungen und Anforderungen an ein Sensorsystem

Zusammenfassend kann festgehalten werden, daß in den Femur eingebrachte Fixierungen oder Markierungen wegen der erhöhten Entzündungsgefahr nachteilig sind. Eine Fixierung des Beines an der Hautoberfläche kann die definierte Lage des Femurs nicht garantieren. Ein Anfahren von natürlichen Marken am Objekt ist auf Grund des kleinen Wundöffnungsbereichs nicht möglich. Eine Einteilung und Übersicht der Möglichkeiten gibt Bild 6.8.

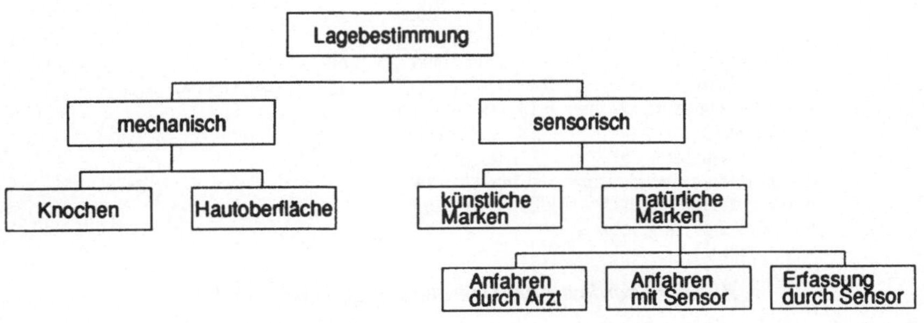

Bild 6.8 Übersicht der Möglichkeiten zur Lagebestimmung

Daher ist ein Sensor gefordert, der es erlaubt, das Objekt anhand seiner Gestaltmerkma-
le bzw. seiner natürlichen Marken in der Lage zu vermessen, ohne daß dafür der Femur
großflächig aus dem umgebenden Muskelgewebe zu schälen ist.

Ein Computertomograph erfüllt zwar diese Anforderungen, jedoch ist davon auszugehen, daß nur in Ausnahmesituationen ein CT-Gerät im sterilen OP-Saal zur Verfügung
steht. Daher ist ein auf einem anderen Verfahren basierender Sensor zu entwerfen. Ein
Entwurf für ein Sensorsystem ist in Kapitel 7 dargestellt.

6.7 Layoutgestaltung

Im Operationssaal - und hier besonders um den Operationstisch - herrschen sehr beengte
Platzverhältnisse. Um ein gutes Zusammenwirken der Operationsgruppe zu ermögli-
chen, hat sich die in Bild 6.10 gezeigte Anordnung bewährt [6.3], wobei bereits der
Roboter an einer möglichen Position eingetragen ist.

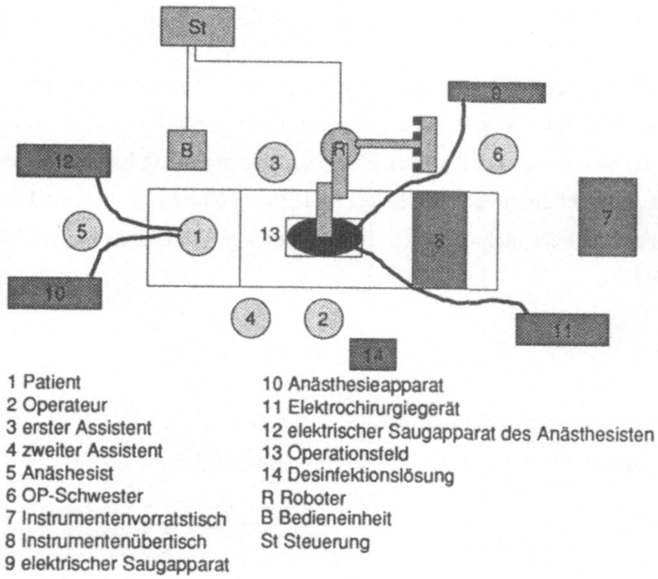

1 Patient
2 Operateur
3 erster Assistent
4 zweiter Assistent
5 Anäshesist
6 OP-Schwester
7 Instrumentenvorratstisch
8 Instrumentenübertisch
9 elektrischer Saugapparat

10 Anästhesieapparat
11 Elektrochirurgiegerät
12 elektrischer Saugapparat des Anästhesisten
13 Operationsfeld
14 Desinfektionslösung
R Roboter
B Bedieneinheit
St Steuerung

Bild 6.9 Anordnung der Operationsgruppe (nach [6.3])

Durch die Hinzunahme des Roboters wird der Raum um das Operationsfeld weiter
beengt. Zusätzlich zum Manipulator sind noch die Bedienelemente und die Steuerung

vorteilhaft zu positionieren. Dabei kommt es darauf an, daß der Roboter optimalen Zugang zum Operationsfeld hat, andererseits der Operateur möglichst wenig behindert wird. Der Roboter befindet sich hier an Stelle der ersten Assistenz, wodurch der Operateur ungehinderte Sicht und Zugang zum Operationsfeld hat. Eine Beobachtung und Kontrolle des Roboters ist dadurch ideal möglich.

Eine exakte Planung des Aufstellungsorts des Roboters muß in Absprache mit dem jeweiligen Operateur erfolgen, um auf spezielle Anforderungen und Arbeitsgewohnheiten der Operationsgruppe eingehen zu können. Bei einer möglichen Überkopf-Montage des Roboters über dem OP-Tisch ist zu beachten, daß die meisten Operationssäle mit Luftführungssystemen ausgestattet sind, die das Operationsfeld durch Luftströmung frei von Keimen halten. Ein überkopf angebrachter Roboter kann diese Strömungen empfindlich stören und so zu einer Verschlechterung der Hygieneverhältnisse am Operationsgebiet beitragen.

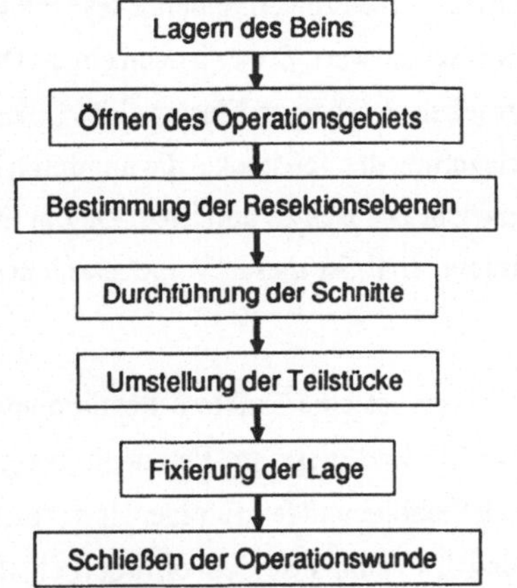

Bild 6.10 Ablauf einer Umstellungsosteotomie

Wie bereits in Kapitel 6.1 erläutert, ist ein Robotereinsatz nicht für alle Tätigkeiten bei einer Operation sinnvoll. Es muß vielmehr eine sinnvolle "Arbeitsteilung" von verschiedenen Vorgängen zwischen Operateur und Roboter angestrebt werden. Bei einer Umstellungsosteotomie kann grundsätzlich der in Bild 6.10 gezeigte Ablauf festgehalten werden.

Entscheidend für die Qualität des Ergebnisses ist die richtige Lage der Schnittebenen relativ zum Oberschenkelknochen, gemäß der in der Planung definierten Position. Daher stellen die Punkte "Bestimmung der Schnittebenen" und "Durchführung der Schnitte" die wesentlichen Tätigkeiten dar. Grundsätzlich können die dabei auszuführenden Bewegungen eines Roboters relativ zum Objekt exakt in der Planungsphase zu definiert werden.

Um allerdings eine Maschine mit einem offline-erstellten Programm einsetzen zu können, müssen die anzufahrenden Positionen des Programms an die reale Position des zu bearbeitenden Objekts transformiert werden. Die Daten der Objektposition müssen in geeigneter Weise, z.B. durch Sensorik oder durch manuell geführtes Anfahren von Referenzmarken, der Robotersteuerung zur Verfügung gestellt werden. Die Lage des Objekts darf sich dann relativ zum Roboter nicht mehr verändern, falls es nicht gelingt, durch Sensorik Lageänderungen des Femurs in Echtzeit zu erfassen. Da eine derartige Sensorik verschiedene Probleme mit sich bringt (vgl. Kap. 7), wird in dieser Arbeit davon ausgegangen, daß eine Echtzeiterfassung nicht möglich ist und sich daher die Lage des Femurs nach der Lagebestimmung nicht verändern darf.

Falls der Roboter ein Werkzeug zur Durchführung der Schnitte am Knochen führt, kann eine Positionsänderung durch die auftretenden Prozeßkräfte nicht ausgeschlossen werden, wenn das Bein nur äußerlich gelagert ist. Dies wäre nur durch eine starre mechanische Fixierung des Femurs durch Fixierungsbolzen zu vermeiden. Diese Fixierung ist allerdings aus medizinischer Sicht nicht wünschenswert. Daher ist von einem Durchtrennen des Knochen durch den Roboter abzusehen. Auch beim Einsatz eines Lasers zur Durchtrennung des Knochens kann eine Verlagerung der Teilstücke, die nur durch Muskelgewebe gestützt sind, unter dem Eigengewicht des Beines auftreten. Da bei Osteotomien vielfach mehrere Schnitte durchzuführen sind, ist dieses Vorgehen nicht sinnvoll.

Für eine Verbesserung des Operationsergebnisses ist eine exaktere Bestimmung der Lage der Schnittebenen am Femur ausreichend. Sind diese am Femur in geeigneter Weise markiert, kann der Operateur wesentlich flexibler und feinfühliger als der Roboter die Schnitte durchführen. Eine starre Fixierung des Femurs ist nicht erforderlich, da der Operateur eine Lageveränderung des Knochens beim Trennvorgang sofort erkennen und entsprechend seine Bewegungen korrigieren kann. Aus diesem Grund ist es sinnvoll, daß der Roboter nach der Erfassung der realen Position des Femurs und der Transformation des Bewegungsprogramms nur die Lage der Schnittebenen am Femur anzeigt. Dies kann z.B. durch einen Laser geschehen, der vom Roboter geführt wird und auf der Knochenoberfläche Linien "einbrennt" oder durch Nachzeichnen der Laserlinien auf dem Femur durch den Arzt. Auch ist das Anbringen einer Führungshilfe am Femur denkbar, ähnlich einer selbsthaltenden Knochenfaßzange [6.15]. Sie kann durch Roboterunterstützung in die der Planung entsprechenden Position gebracht und in den Schnittrichtungen ausgerichtet werden. Damit kann die Schnittlage relativ zur Knochenstruktur festgelegt werden.

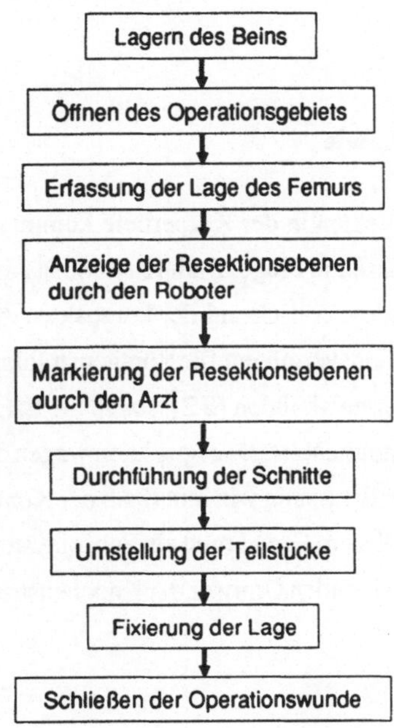

Bild 6.11 Ablauf einer roboterunterstützten Osteotomie

Der Ablauf einer roboterunterstützten Umstellungsosteotomie stellt sich demnach wie in Bild 6.11 dar.

Zunächst wird der Patient auf dem OP-Tisch entsprechend gelagert. Der Arzt öffnet das Operationsgebiet und positioniert das Bein zusätzlich. Mit einer geeigneten Sensorik erfaßt der Roboter die Position des Femurs und korrigiert das offline-erstellte Bewegungsprogramm. Anschließend werden die Schnittlinien bzw. -ebenen vom Roboter angezeigt und vom Arzt markiert. Dabei darf die Position des Femurs nicht verändert werden. Der Arzt trennt den Femur an dem markierten Stellen und führt die Umstellung durch. Zuletzt wird die neue Lage mittels einer Winkelplatte fixiert und die Wunde verschlossen.

7. Entwurf eines Sensorsystems zur Lagebestimmung des Operationsziels

7.1 Grundkonzeption des Sensorsystems

7.1.1 Sensorprinzip, Definition der Objektmerkmale

Als grundsätzliches Prinzip zur Erfassung von Objekten in der Körpertiefe kommt als bildgebendes Standardverfahren das Röntgenverfahren in Frage. Dadurch können Knochenstrukturen in einer Projektion abgebildet werden. Auf Grund der kompakten Außenschicht eines Knochens, die ein hohes Absorptionsvermögen für Röntgenstrahlung besitzt, lassen sich Knochen gut mit Röntgenverfahren abbilden [2.2], sodaß die Erfassung der gestaltbeschreibenden Kontur einfach ermöglicht ist. Dagegen kann wegen der Überlagerung von Strukturen in der Projektion eine Erfassung von innerhalb der Kontur gelegenen Strukturen nicht gesichert werden. Aus diesem Grund muß ein Sensorsystem, das auf Röntgenverfahren basiert, die gestaltbeschreibenden Umrisse der Knochenstrukturen als natürliche Markierungen auswerten.

7.1.2 Konzeption des Sensorsystems

Aus den Objektkonturen in einer Röntgenaufnahme kann nicht ohne weiteres auf die exakte Lage des Objekts geschlossen werden, da grundsätzlich eine Projektion einer beliebigen Lage der Knochenstruktur möglich ist. Als grobe Positionsangabe kann z.B die Lage des Flächenschwerpunktes der Kontur bestimmt werden. Es ist daher zusätzliche Information zur Verfügung zu stellen.

Als bereits vorhandene Information über das zu ortende Objekt steht ein Modell, das aus den CT-Aufnahmen rekonstruiert wurde, zur Verfügung. Dieses Modell beschreibt das Objekt durch Daten der Oberflächengeometrie. Grundsätzlich ist daher Information über sichtbare Objektteile bei einer bestimmten Abbildung gegeben. Durch Auswertung der aus Röntgenaufnahmen gewonnenen Konturinformationen unter Verwendung des Modellobjekts soll daher die Lage bestimmt werden.

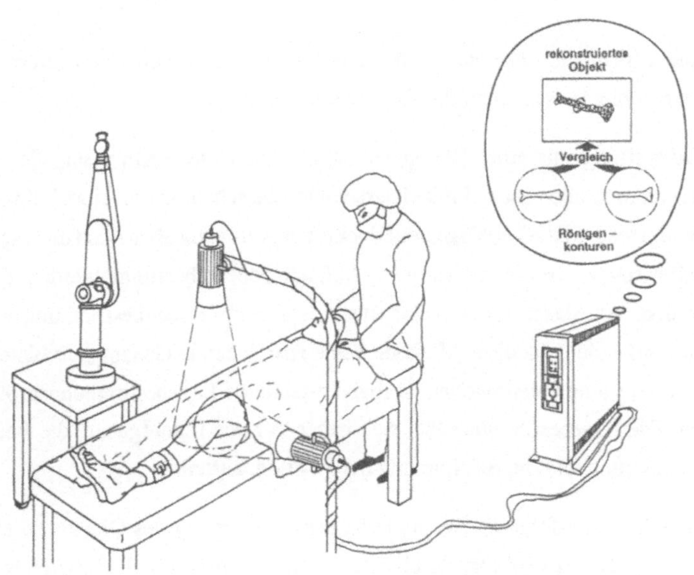

Bild 7.1 Veranschaulichung des Sensorkonzepts

In Bild 7.1 ist das konzipierte System dargestellt. Das Modell wird zur Lagebestimmung so aus seiner Generierungslage gedreht, daß es optimal in die vorgegebene Umrißkontur paßt. Anschaulich wird dazu vom Modell eine Projektion auf eine Ebene erzeugt und dadurch die reale Abbildung des Objekts durch die Röntgenaufnahme im Rechner nachgebildet. Dabei entspricht die Projektionsebene im Rechner der realen Aufnahmeebene des eingesetzten Sensorsystems. Der sich ergebende Umriß wird mit der Kontur des Objekts im Röntgenbild verglichen. Die Lage des rechnerinternen Modells zur Projektionsebene wird so verändert, daß der Konturvergleich ein Optimum an Übereinstimmung liefert. Die Bestimmung der Drehlage des Objekts relativ zur Aufnahmeebene ist dadurch erreicht.

Im Ansatz wird davon ausgegangen, daß aus einer gegebenen Umrißkontur eine eindeutige Aussage über die zur Bildebene eingestellte Orientierung eines Objekts getroffen werden kann. Dies trifft bei allen unsymmetrisch geformten Objekten zu. Bei z.B rotationssymmetrischen Objekten ergeben natürlich alle Lagen, die sich nur durch eine Verdrehung um die Symmetrieachse unterscheiden, identische Konturen. Die Oberfläche eines Femurs bzw. aller knöchernen Strukturen des menschlichen Körpers stellen hingegen eindeutig unsymmetrische Formen dar. Daher kann davon ausgegangen werden, daß unterschiedliche Ansichten auch unterschiedliche Umrißkonturen liefern und somit eine eindeutige Aussage über die Orientierung zulassen.

Die Auswertung nur einer Röntgenaufnahme kann die Bestimmung der Lage des Objekts nicht in allen sechs Freiheitsgraden ermöglichen. Durch eine Aufnahme kann im günstigsten Fall die Drehlage des Objekts zur Aufnahmeebene und die Lage des Flächenschwerpunkts des Umrisses in der Aufnahmeebene bestimmt werden. Eine Information über den Abstand des Objekts ist nur durch eine Größenbestimmung des Objekts im Bild vorhanden. Da diese Methode keine ausreichende Genauigkeit bietet, müssen durch Auswertung einer zweiten Aufnahme fehlende Lagebestimmungsgrößen erfaßt werden. Die Lagebestimmung läßt sich daher in zwei Teilaufgaben, die Bestimmung der Orientierung und die Bestimmung der Position, aufteilen.

Im ersten Schritt erfolgt die Bestimmung der Orientierung des Objekts zu einer Bildebene. Ausgedrückt wird dies durch eine Rotationsmatrix, die die Verdrehung des Objektbezugssystems zum Bildkoordinatensystem angibt. Der Vorgang wird durch das Modul "Orientierungsbestimmung" ermöglicht. Im zweiten Schritt erfolgt die Positionsbestimmung eines gewählten Objektbezugspunkts durch Auswertung von Informationen zweier Abbildungssysteme. Dazu muß dieser Bezugspunkt in beiden Aufnahmen zuverläßig zu ermitteln sein. Durch das Verfahren der Triangulation (vgl. Kap. 7.6) ist die räumliche Lage des Punktes aus den Bildkoordinaten beider Aufnahmen zu errechnen. Der Vorgang wird im Modul "Positionsbestimmung" behandelt.

Durch das Sensorsystem erfolgt die Erfassung der räumlichen Lage des Objekts relativ zum Sensorkoordinatensystem. Durch einen Referierungsvorgang muß eine Transformation zwischen dem Sensor- und Maschinenkoordinatensystem bestimmt werden, wodurch eine Berechnung der Lage des Objekts relativ zum Maschinenkoordinatensystem möglich wird.

Der schematische Ablauf bei der Lagebestimmung ist in Bild 7.2 dargestellt.

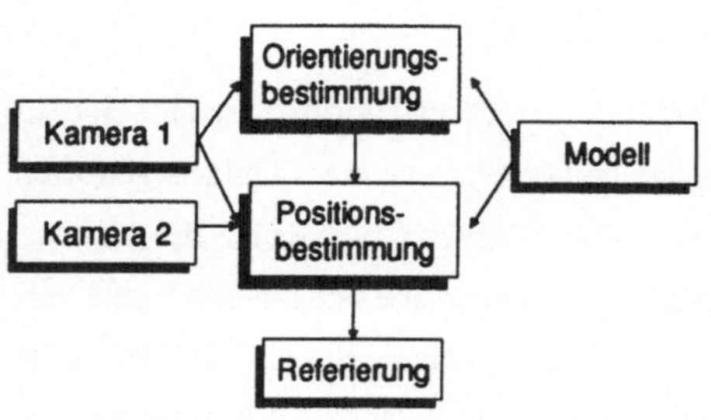

Bild 7.2 schematischer Ablauf der Lagebestimmung

7.1.3 Röntgenbildverstärker

Um die auszuwertenden Röntgenaufnahmen zu erstellen, ist der Einsatz eines Röntgenbildverstärkers in einer C-Bogenausführung denkbar. Röntgenquelle und Detektor sind
an gegenüberliegenden Positionen an einer C-förmigen Halterung angebracht. Dieses
Gerät wird bisher eingesetzt, um während einer Operation die Durchstrahlung von Kör-
perteilen zu Kontrollzwecken zu ermöglichen. Der schematische Aufbau eines Röntgenbildverstärkers sowie die gerätetechnische Ausführung ist in Bild 7.3 gezeigt.

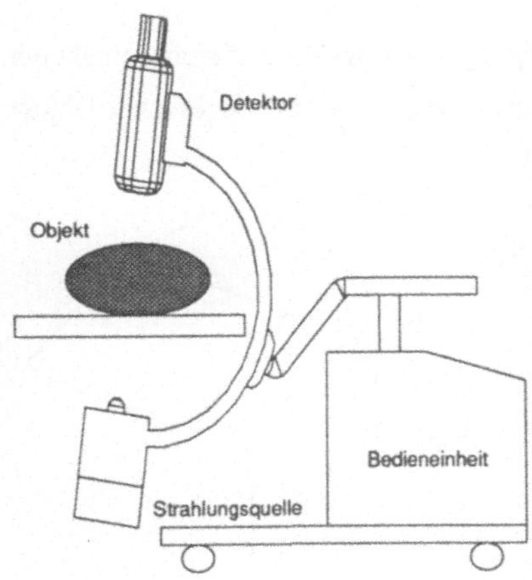

Bild 7.3 schematischer Aufbau eines
Röntgenbildverstärkers

Durch Hinzunahme einer Videokamera und
den Einsatz einer Kamera-Monitor-Kette
wird eine Darstellung des aufgenommenen
Röntgenbildes auf einem Monitor erreicht.
An die Kamera kann zusätzlich ein Bildver-
arbeitungssystem angeschlossen werden,
wodurch die Röntgenaufnahme für eine automatische digitale Verarbeitung und Speicherung zur Verfügung steht [7.81]. Durch
Kippung des C-Bogens können zwei definierte Positionen für die benötigten Aufnahmen eingestellt werden.

7.2 Modellbildung, Koordinatensysteme, Methoden

7.2.1 Modellbildung zur Systementwicklung

Das aufgestellte Sensorkonzept soll dahingehend verfeinert werden, daß einzelne benötigte Module dargestellt werden können. Dazu sollen Teilbereiche in Prinzipversuchen
untersucht und beeinflußende Faktoren bestimmt werden. Eine Genauigkeitsabschät-
zung soll ermöglicht sein. Die Entwicklung eines vollständigen Sensorsystem kann
jedoch nicht im Rahmen dieser Arbeit durchgeführt werden. Lediglich die Möglichkei-

ten und zu erwartenden Einschränkungen eines solchen Systems können aufgezeigt und Ansatzpunkte für weitergehende Entwicklungen gegeben werden.

Für die Systementwicklung und Durchführung von Versuchen ist es sinnvoll, zunächst mit vereinfachten modellhaften Gegebenheiten zu arbeiten. Dazu soll der Röntgenbildverstärker durch einfache CCD-Kameras ersetzt werden. Eine Abbildung eines Objekts erfolgt nicht durch Röntgenstrahlung sondern durch sichtbares Licht, wodurch eine Bilderzeugung in der Versuchsdurchführung nicht durch belastende Strahlung erfolgen muß.

Für die Konzipierung der benötigten Auswerteprogramme wird als Versuchsobjekt ein einfach zu fertigendes, aus geometrischen Grundelementen zusammengesetztes Objekt verwendet (Bild 7.4). Dieses kann als gegenständliches Objekt für die Erzeugung von Kameraaufnahmen dienen. Das zugehörige CAD-Modell repräsentiert das "rekonstruierte" Modell, von dem die Vergleichskonturen durch Berechnung erzeugt werden. Die Formgebung des Modellobjekts ist unsymmetrisch gehalten, um Doppeldeutigkeiten der Lage durch identische Umrisse zu vermeiden und so gleiche Randbedingungen wie bei Verwendung eines rekonstruierten Femurmodells zu erhalten.

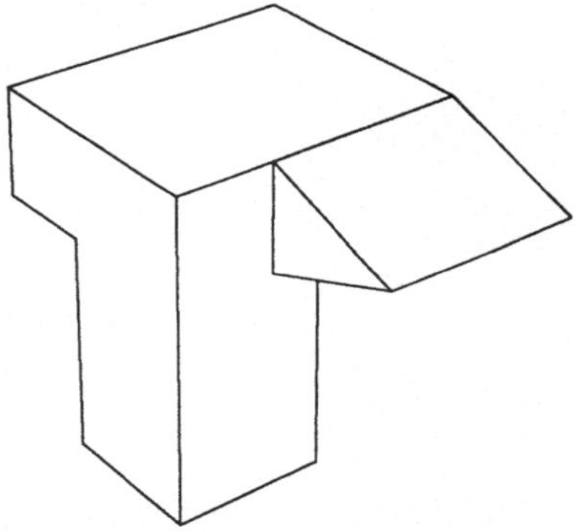

Bild 7.4 CAD-Modell zur Systementwicklung

7.2.2 Definition verwendeter Koordinatensysteme

Zur Beschreibung des Vorgehens bei der Lagebestimmung sind verschiedene Koordinatensysteme zu verwenden. In Bild 7.5 ist eine Darstellung gezeigt, anhand derer die Koordinatensysteme definiert werden sollen.

Das Bildkoordinatensystem (Bild-KOS) liegt in der Bildebene des realen Abbildungssystems bzw. der Projektionsebene der berechneten Abbildung und gibt die Koordinaten der Bildpunkte einer Kontur in Pixel- oder Millimeter an.

Das Kamera-KOS liegt im Projektionszentrum des abbildenden Systems und ermöglicht eine Beschreibung von Bild- und zugehörigem Raumpunkt in einem Koordinatensystem. Die Verschiebung zwischen Bild-KOS und Kamera-KOS ist durch die sogenannte Kammerkonstante gegeben, die in einem Eichvorgang ermittelt wird.

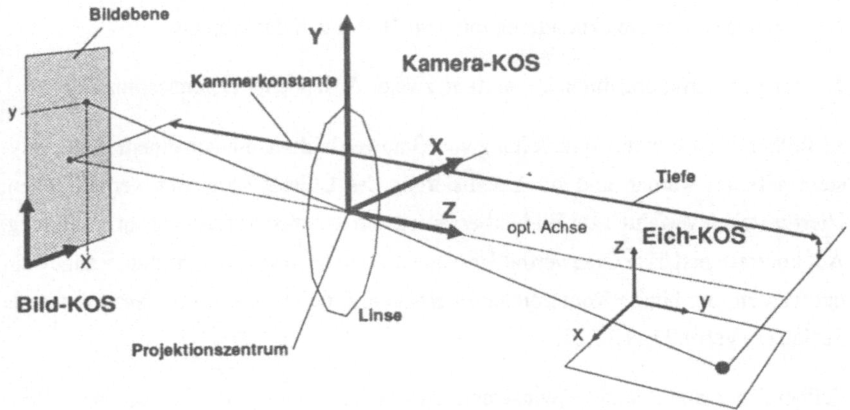

Bild 7.5 Definition der Koordinatensysteme

Das als Eich-KOS bezeichnete System wird zur Beschreibung der Abbildungen beider Systeme und zur Anwendung des Strahlenschnittverfahrens benötigt. In ihm lassen sich für beide Abbildungssysteme die Abbildungsgleichungen ausdrücken. Das Eich-KOS stellt daher das sensoreigene Koordinatensystem dar. Die Transformationen zwischen Eich-KOS und Kamera-KOS werden durch einen Eichvorgang bestimmt. Durch eine weitere Transformation muß eine Beziehung zwischen Eich-KOS und Maschinen-KOS durch einen Referierungsvorgang angegeben werden können, womit durch das Sensorsystem ermittelte Raumpunkte im Maschinen-KOS darzustellen sind.

7.2.3 Methoden der Konturbeschreibung, Ansätze der 3D-Lagebestimmung

Im Rahmen der Sensorentwicklung werden verschiedene Gebiete der Bildverarbeitung und Bildauswertung berührt. Da die Sensorproblematik ein Haupthemmnis bei der Anwendung der Robotertechnik darstellt, sind in der Literatur vielfältige Beiträge und Lösungsansätze zu finden. Die für das Vorhaben benötigten Verarbeitungsschritte können folgenden Bereichen zugeordnet werden:

1.   Verarbeitung eines Grauwertbildes zu einem binären Konturbild

2.   Merkmalsextraktion aus einem binären Konturbild

3.   Vergleich von Muster- und Objektkontur anhand von Merkmalen

4.   Vergleich von Objektkonturen mit dem 3D-Modell des Objekts

5.   Lagebestimmung durch Verwertung zweier Ansichten, "Tiefenbestimmung"

In Teilbereich 1 fällt die Verarbeitung von Grauwertbildern, die von einem Röntgensystem geliefert werden und zur Lokalisierung des Objekts verwertet werden sollen. Hierfür stehen Verfahren zur Bildverbesserung und Kontrastverstärkung zur Verfügung. Auf kontrastverstärkte Grauwertbilder können Kantendetektionsalgorithmen angewendet werden, um binäre Konturbilder zu erhalten. Eine Übersicht über anzuwendende Techniken geben [3.11][3.17].

Teilbereich 2 und 3 sind gekennzeichnet durch Bestimmung von Kontur- bzw. Bildmerkmalen, die eine symbolische Beschreibung des Bildinhaltes ermöglichen. Dadurch wird eine Reduzierung der für die Charakterisierung des Bildinhaltes benötigten Daten erreicht. Einfache Merkmale sind Fläche A, Umfang U, größter ein- und kleinster umschreibbare Kreis, r und R, der Kontur. Daraus lassen sich größeninvariante Formfaktoren wie R/r oder A/U^2 bilden [4.11][4.17][7.19]. In einem weiteren Ansatz werden Konturen mit Hilfe von Fourierkoeffizienten beschrieben [7.3][7.47][7.29]. Eine Prüfung mit einem Muster erfolgt durch Vergleich der Fourierkoeffizienten. Als Muster wird in diesem Zusammenhang eine Ansicht bzw. die Kontur eines Objekts verstanden, die in einer sogenannten Lernphase definiert wird. Dazu werden meist Aufnahmen der Objekte in repräsentativen Lagen interaktiv bearbeitet und die entsprechenden Daten im System hinterlegt.

Vielfach werden auch die Krümmungsverhältnisse einer Kontur zu ihrer Charakterisierung verwendet. Konturpunkte mit maximalen Krümmungen oder -änderungen stellen dabei repräsentative Konturpunkte dar [7.15][7.28]. In [7.23] werden Prototypen von Krümmungsformen definiert und diese in zu beschreibenden Konturen detektiert und zur Repräsentation verwendet. Konturrepräsentation wird ebenfalls durch Polygonapproximation [7.28] oder Approximation mittels B-Spline-Funktionen [7.23][7.22] angestrebt. In [7.19] wird ein Verfahren zur Darstellung der Kontur als Winkelfunktion

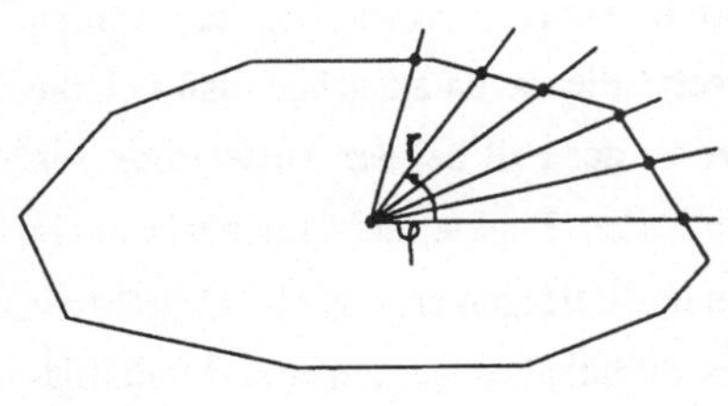

des Schwerpunktabstands vorgestellt (Bild 7.6). Eine Erweiterung des Verfahren durch Aufteilung in konvexe und konkave Konturbereiche wird in [7.21] vorgestellt. Damit sollen Doppeldeutigkeiten des ursprünglichen Verfahrens bei Hinterschneidungen im Konturverlauf vermieden werden. In einem weiteren Ansatz werden Konturen auf ihre Mittelachsen geschrumpft und diese sich ergebenden "Skeletons" zur weiteren Verarbeitung herangezogen.

7.6 Abtastung einer Kontur durch gleichwinkelige Strahlen

Alle diese Verfahren werden dazu verwendet, Konturen mit möglichst wenig Daten ausreichend genau beschreiben und sie einem Vergleich mit entsprechend aufbereiteten Musterkonturen unterziehen zu können. Die dadurch erreichte Datenreduktion erschließt zum Teil die Verarbeitung von Vergleichsaufgaben in Echtzeit [7.56]. Typische Vergleichsmethoden sind die Differenz von Formfaktoren bzw. bei Merkmalsvektoren, die eine Zusammenfassung einzelner Merkmale darstellen, der euklidische Abstand der Vektoren der Muster- und Vergleichskontur [7.19]. Diese Methoden eignen sich in den meisten Anwendungsfällen dazu, im Bild vorliegende Konturen bestimmten abgespeicherten Mustern zuzuordnen. Die Muster werden durch einen interaktiv unterstützten Definitionsprozeß durch Auswertung eines Bildes, das nur ein Objekt zeigt, erzeugt. Ist eine Kontur identifiziert, kann die Lage des Flächenschwerpunkts als Positionsangabe bestimmt werden [3.11][7.19].

Die bisher angesprochenen Lösungsansätze behandeln ein zweidimensionales Problem. Verschiebung und Rotation um eine Achse senkrecht zur Bildebene des zu detektierenden Objekts sind erlaubt. Darüberhinaus gibt es Ansätze, die Teibereich 4 und 5 zugeordnet werden können, mit Sensoren dreidimensional Daten zu gewinnen und diese mit einem abgelegten 3D-Modell zu vergleichen. Damit sollen in Bezug auf die Raumlage des Objekts flexiblere Sensorsysteme entworfen werden. Dabei kann man unterscheiden in Verfahren, die zwei Objektansichten verarbeiten, und Verfahren mit Verarbeitung von Tiefeninformation. Bei ersteren stellt sich das Korrelationsproblem, d.h. Bilder der verschiedenen Ansichten müssen das Bild eines gemeinsamen Punkts aufweisen, wodurch über Triangulation die Position des Punktes errechenbar ist. Probleme bereitet bisher das automatische Detektieren von korrelierenden Punkten. Vielfach werden für die Korrelation geeignete Heuristiken eingesetzt, die davon ausgehen, daß sich die Aufnahmen nur geringfügig unterscheiden. Dies ist der Fall bei der Auswertung von Bildfolgen, die ein sich bewegendes Objekt beinhalten. Punkte und Linien werden in [7.36] korreliert und das Verfolgen von Objekten in Bildfolgen ermöglicht. Charakteristische Flächen [7.7][7.5] oder Linien [7.2] eines Bildinhaltes werden einer Modellfläche zugeordnet und das Lokalisieren anderer Strukturelemente bzw. die räumliche Positionsvermessung ermöglicht. In [7.32] wird das Korrespondenzproblem für umlaufende geschlossene Linienzüge behandelt. Durch den heuristischen Ansatz der Zuordnung von Bildelementen versagen diese Methoden bei der Aufgabe, Punkte in Aufnahmen, die ein Objekt aus beliebigen Richtungen darstellen, zuzuordnen.

Ein Ansatz zur modellgesteuerten Bildanalyse zur Erkennung und Positionsvermessung übereinanderliegender Werkstücke wird in [7.43] beschrieben. Das Modell eines Werkstücks enthält eine abstrakte Beschreibung des Konturverlaufs und setzt sich aus dem geometrischen und dem generativen Modell zusammen. Das geometrische Modell beschreibt die einzelnen Aufbauelemente, aus denen die Kontur zusammengesetzt ist. Das generative Modell legt dar, wie das geometrische Modell schrittweise aus den Grundelementen aufgebaut ist.

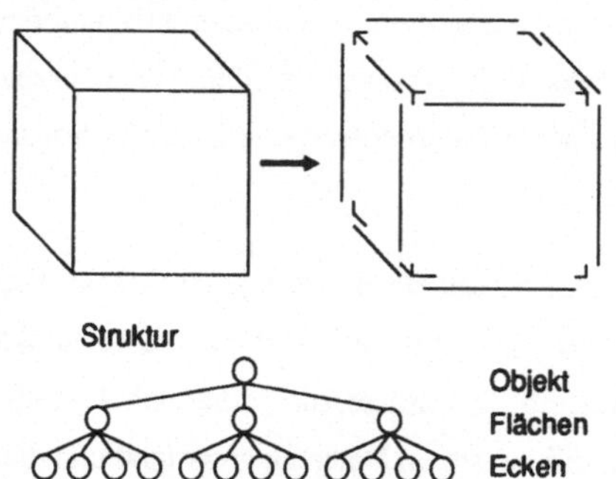

Bild 7.7 Zerlegung eines Objekts in strukturierende Elemente

Zur Erkennung eines Werkstücks werden die sichtbaren Konturen mit dem abgespeicherten Modell verglichen. In einer Bildvorverarbeitung wird dann versucht, die Aufbauelemente zur Approximation der Objektkontur zu bestimmen.

CAD-Modelle werden verwendet, um ein a priori Wissen über die Objekte zur Bildanalyse einsetzen zu können. Dazu werden Flächenmodelle verwendet und Ansichten erzeugt, wobei Schattenwurf und Oberflächenstrukturierung berücksichtigt werden. Ein Vergleich dieses "künstlichen" Bildes mit einer realen Aufnahme erfolgt durch Korrelation der Grauwertbilder. Für eine erfolgreiche Identifikation müssen die Objektweite und die Abbildungsverhältnisse (Größenmaßstab) sowie die Orientierung des Objekts zur Kamera exakt eingehalten werden [7.69]. Eine Bestimmung der Orientierung bei geänderter Objektlage ist nicht möglich.

Verschiedene Möglichkeiten 3D-Modelle für die Bildverarbeitung aufzustellen wurden in [7.35] vorgestellt. Reale Objekte können in Teilobjekte oder geometrische Grundkörper aufgeteilt werden. Eine semantische Verknüpfungsstruktur gibt den Zusammenhang des Objekts wieder. Diese Struktur kann bereits zur Identifikation herangezogen werden. Die Teilobjekte können flächen- oder volumenorientiert repräsentiert werden. Bei volumenorientierten Modellen werden Polyeder mit den Ansichten des Sensorsystems in Deckung gebracht [7.41]. Bei flächenhaften Modellen erfolgt der Vergleich mit Polygonen. In [7.42] wird ein System beschrieben, das ausgehend von einem CAD-Modell des Objekts die Flächennormalen der begrenzenden Flächen auf eine Einheitskugel abbildet. Mit photometrischer Stereobildauswertung werden die Normalen auf den Objektoberflächen durch das Sensorsystem bestimmt und eine Lagehypothese aufgestellt. Ein weiterer Lösungsansatz beschäftigt sich mit der Rückprojizierung von Kreuzungspunkten mindestens dreier Linien im Kamerabild zurück in den Raum. Dadurch werden Eckpunkte eines Objekts bestimmt. Mehrdeutigkeiten durch konvexe oder konkave Ecken werden durch Vergleich anderer Ansichten ausgeschlossen [7.31]. In [7.37] wird ein CAD-Objekt dazu verwendet eine Ansicht "von oben" zu erzeugen. Parallel dazu wird ein NC-Programm zur Fertigung des Teil erstellt. Die erzeugte Ansicht wird als Muster für einen Identifikations- und Positionierungsvorgang in der automatisierten Fertigung verwendet. Kanten, gerade Linien und Kreisbögen, und Eckpunkte stellen die repräsentativen Objektmerkmale dar, die in [7.33] verwendet werden, um aus zwei Kameraansichten die Lage eines Objekts zu detektieren. Das Modell besteht aus Geraden und Kreisbögen, die aus verschiedenen Ansichten vorher extrahiert wurden. In [7.24] wird ein System beschrieben, das Linien, Flächen und Winkel in der Bildinformation dazu verwendet, Lagehypothesen über das beobachtete Objekt aufzustellen durch Vergleich mit dem abgelegten Modell. Das Modell wird durch dieselben Merkmale definiert. Ein Verfahren, basierend auf eine volumenorientierte Modell-Repräsentation, wird in [7.26] vorgestellt. Vom Modell werden Ansichten der drei Hauptrichtungen bestimmt. Der Vergleich erfolgt in der Gegenüberstellung der realen und errechneten Ansichten.

Eine ähnliche Aufgabenstellung ergibt sich bei der Verwendung von Tiefensensoren. Hier werden i.a. Laserscanner im Triangulationsverfahren eingesetzt. In jedem Punkt der Objektoberfläche können alle Koordinaten (x,y,z) bestimmt werden. In [7.40] wird ein CAD-Modell aus einfachen Grundelementen wie Quader und Kugel unter Verwendung boolescher Operationen zusammengesetzt. Aus den Sensordaten wird versucht, diese Grundkörper aus den Ansichten zu extrahieren. In [7.41] wird ein Lösungsansatz zur Flächen- und volumenorientierten Modelldarstellung vorgestellt. Aus Daten, die von einem Gegenstand mittels Laserscanner gewonnenen werden, wird ein 3D-Modell erzeugt. Dieses Modell wird durch die sich ausbildenden ebenen Polygone charakterisiert. Eine Lagebestimmung soll durch Vergleich von Flächen des Bildes und des Modells erreicht werden. Ein weiterer Ansatz ist in [7.30] aufgeführt. Das Modell wird dort durch Polygone beschrieben, deren Lage zum Volumenschwerpunkt des Körpers angegeben wird. Daraus wird ein auf Polyedern basierendes Modell erzeugt. Der eingesetzte Laserscanner liefert Daten, die zum Aufbau von Polyedern verwendet werden. Somit können beide Repräsentationsformen verglichen werden.

Bei der Lageerkennung von Objekten wird vielfach der Ansatz der Zerlegung in Strukturen von Unterobjekten verwendet. Bereits bei der Segmentation von Grauwertbildern versucht man, Wissen über die Struktur aus Wissensbasen anzuwenden [7.16]. Objektbeschreibungen im hierarchischen Strukturcode werden in [7.12] dargestellt, relationale Objektbeschreibungen findet man in [7.18][7.20][7.9][7.10]. Die Objektbeschreibung durch Symbole mit Ecken und Kreisen findet man in [7.13]. Ein System zur Flächensegmentation und Bildung semantischer Zusammenhänge wird in [7.15] beschrieben. Anhand der sich ergebenden Struktur über die Bildinformation kann eine Lagehypothese aufgestellt werden. Die Verifizierung erfolgt im Vergleich aller Hypothesen.

Zusammenfassend kann festgestellt werden, daß es bisher kein System gibt, das die für das Sensorsystem geforderten Leistungen erbringen kann. Das liegt zum einen daran, daß keine zweidimensionale Musteransicht des realen Objekts zu Vergleichszwecken bereitgestellt werden kann. Ein Ausweg bietet die rechnerische Erzeugung derartiger Ansichten unter Verwendung des rekonstruierten Objekts. Da in der angestrebten Anwendung kein Tiefensensor wie z.B. Laserscanner, eingesetzt werden kann, scheiden derartige Lösungsansätze aus. Die in der Literatur beschriebenen Lösungsansätze für die dreidimensionale Lagebestimmung beschränken sich auf einfache geometrische

Körper, die durch semantische Strukturen dargestellt werden. Wichtig sind in diesem Fall Strukturen innerhalb von Objektoberflächen, wie z.B. Lochungen, Erhebungen und Texturen, da sie wesentliche Klassifikationsmerkmale bilden. Das Objekt "Femur" besitzt weder ausgeprägte, getrennte Oberflächenteile, noch befinden sich darin signifikante Strukturen, die eindeutig zu identifizieren sind. Da aus Röntgenbildern nur die Schattenumrisse gewonnen werden können und keine Information über Strukturen in der Ansicht des Objekts erhalten werden, können daher Lösungsansätze, die eine semantische Struktur der Objektansicht aus Grundelementen aufbauen, nicht verwendet werden.

7.3 Bestimmung der Orientierung

7.3.1 Konzeptionelle Struktur des Moduls

In diesem Modul soll die räumliche Orientierung des angegebenen Objekts relativ zum Bildkoordinatensystem bestimmt werden. Die einzelnen Bildpunkte der Kontur eines Objekts in einer Kameraaufnahme werden im Bildkoordinatensystem der Kamera beschrieben. Durch eine rechnerische Nachbildung der realen Abbildung durch Projektion des CAD-Modells auf eine Projektions- oder Bildebene erfolgt die Erzeugung von Konturen des CAD-Modells. Gesteuert durch das Ergebnis des Vergleichs erfolgt eine Variation der Lage der Projektionsebene relativ zum CAD-Modell, mit dem Ziel, eine optimale Übereinstimmung der Konturen zu erhalten, d.h. die Lage der Projektions- oder rechnerinternen Bildebene wird optimiert. Die ermittelten Drehwinkel geben schließlich die Orientierung des Objekts, das durch das abbildende System erfaßt wurde, wieder. Anschaulich läßt sich das Vorgehen als Betrachten des Objekts aus verschiedenen Blickrichtungen deuten. Hierbei ist es gleichgültig, ob die Blickrichtung auf das Objekt verändert oder die Lage des Objekts zur Blickrichtung und damit zur Bild- oder Projektionsebene variiert wird. Deswegen erfolgt aufgrund der besseren Verständlichkeit eine Änderung der Ansicht durch Lagevariation des Objekts. Die Lage des Objekts wird durch zwei Winkel β_1 und β_2, die der Drehung um die raumfeste X- bzw. Y-Achse des Bildkoordinatensystems in der Projektionsebene entsprechen, beschrieben. Die Bestimmung des dritten, für die Festlegung der Objektorientierung benötigten Winkels β_3, der einer Rotation um die Z-Achse entspricht, wird erst nach erfolgreicher Optimierung der beiden erstgenannten Winkel durchgeführt. Somit stellt sich das Problem der Orientierungsbestimmung als Optimierungsaufgabe eines Funktionswertes, des Übereinstimmungsgrades der Konturen, in Abhängigkeit zweier Variabler, der Drehwinkel, dar. Die konzeptionelle Struktur des Moduls läßt sich daher wie in Bild 7.8 darstellen.

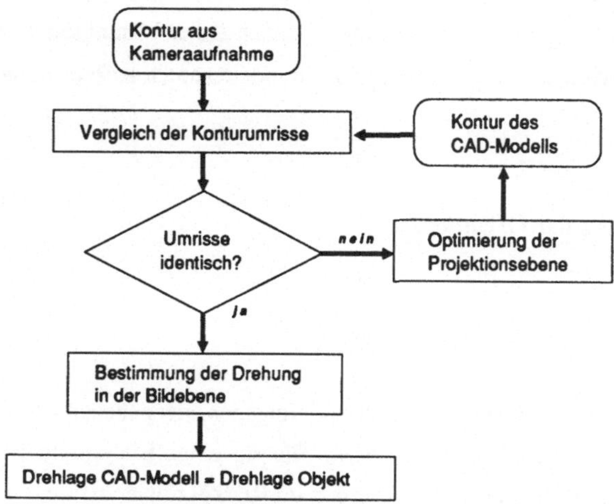

Bild 7.8 konzeptionelle Struktur der Orientierungsbestimmung

7.3.2 Versuchsaufbau und Rechnerkonfiguration

Für die Durchführung von Versuchen wird der in Bild 7.9 dargestellte Versuchsstand verwendet.

Am Werkzeugflansch eines Roboters PUMA 560 wird ein mattiertes Plexiglas befestigt. Darauf kann das gegenständliche Modellobjekt mittels Haftstreifen befestigt werden. Durch den Roboter kann das Objekt in beliebigen Orientierungseinstellungen in das Aufnahmefeld einer CCD-Kamera gebracht werden, die an einem Stativ über dem Roboterarbeitsraum gehalten ist. Durch die Steuerung des Roboters lassen sich die eingestellten Orientierungswinkel des Roboterflansches einfach bestimmen. Um die Ermittlung der umschreibenden Kontur des Objekt zu vereinfachen, wird die Plexiglasplatte von der gegenüberliegenden Seite beleuchtet. Dadurch können Konturverfälschungen durch Schattenwurf oder Spiegelungen vermieden werden. Die Kamera ist an eine Bildverarbeitungskarte angeschlossen, die eine Speicherung der Kamerainformationen im vier Bildspeichern zu 512 x 512 Bildpunkten und 256 Grauwertstufen erlaubt. Die Karte selbst ist in einem PC installiert, über den die Ansteuerung der Karte, die externe Speicherung der Daten sowie die Kopplung mit anderen Rechnern erfolgt.

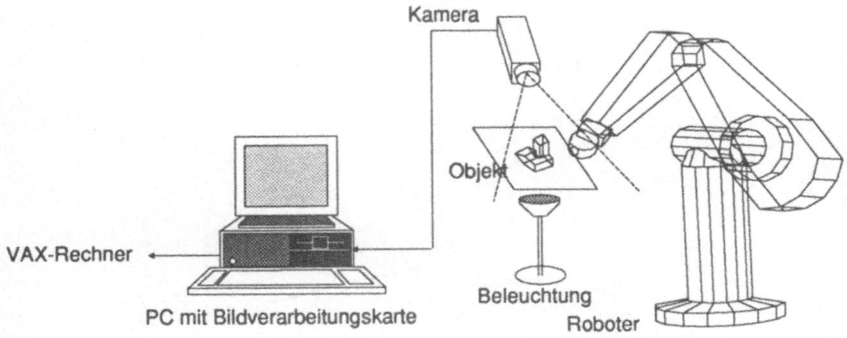

Bild 7.9 Versuchsaufbau zur Orientierungsbestimmung

Die interaktiven Eingaben sowie die graphischen Ausgaben des Moduls erfolgen über eine GPX - Graphikworkstation. Rechenintensive Programmteile werden auf einer leistungsstarken VAX 8530 bearbeitet. Die Kommunikation zwischen den beiden Rechnern erfolgt über ein Netzwerk. Die Ansteuerung des Bildverarbeitungs-PC erfolgt über serielle Schnittstellen und Datentransferprogramme, die einen asynchronen Betrieb ermöglichen.

7.3.3 Konturerzeugung

7.3.3.1 Konturdetektion in der Kameraaufnahme

Die Kontur oder der Umriß eines Objekts ist der Linienzug, der das Objekt gegenüber dem Hintergrund abgrenzt. Der verwendete Versuchsaufbau mit Durchlichtbeleuchtung gewährleistet eine gleichmäßige Ausleuchtung des Bildes, wodurch auf komplexe Verfahren zur Kantenverstärkung verzichtet werden kann. Es genügt vielmehr anhand eines in Versuchen ermittelten Schwellwertes zwischen den Grauwerten des Hintergrunds und des schwarz gefärbten gegenständlichen Modells zu unterscheiden. Von einem ersten

Punkt, der durch eine Schwellwertbetrachtung gefunden wird, startet eine vereinfachte Konturverfolgung mit Suchtiefe 1, wie sie bereits in Kapitel 3 ausführlich dargestellt wurde. Die Konturextraktion liefert als Ergebnis eine Folge von Bildpunktkoordinaten der Konturpunkte. Bild 7.10 zeigt die Kontur in pixelorientierter Darstellung, wobei die Rasterung der Linien in Pixel noch zu erkennen ist.

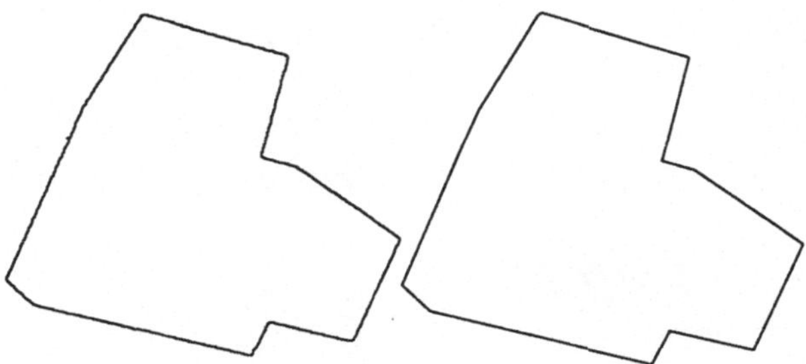

Bild 7.10 Pixelkontur und approximierendes Polygon

An dieser Stelle sei nicht auf Abbildungsfehler eingegangen, sondern auf die Betrachtung in Kap.7.4 hingewiesen.

Da das betrachtete Modell durch Geradenstücke begrenzt ist, ist es zulässig, die im Bild enthaltene Kontur durch einen Polygonzug zu approximieren. Damit kann eine deutliche Reduzierung der für die Beschreibung der Kontur benötigten Datenmenge erreicht werden. Die Allgemeingültigkeit des Ansatzes bleibt davon unberührt, da ein beliebiger Konturverlauf und damit auch die originale Kontur in Pixeldarstellung als Polygonzug mit einer großen Punktezahl gedeutet werden kann. Die nachfolgenden Berechnungen können analog durchgeführt werden, allerdings mit erhöhtem Rechenzeitbedarf.

Die Polygonapproximierung wird mit Verfahren, die bereits in Kapitel 4 dargestellt wurden, durchgeführt. Als Ergebnis liefert die Approximation eine Beschreibung der Kontur, wobei Eckpunkte in der Pixeldarstellung als Polygonpunkte erscheinen, wie in Bild 7.10 dargestellt.

7.3.3.2 Konturerzeugung vom CAD-Modell

Die Geometrie des dreidimensionalen CAD-Modells ist durch die Flächen, die sich aus Linien mit Anfangs- und Endpunkt zusammensetzen, beschrieben. Um das Modell in eine vorgegebene Lage zu transformieren, genügt es, alle Modellpunkte entsprechend zu transformieren. Die Beziehung der Grundelemente untereinander bleibt dabei erhalten.

Die Drehung des Modells erfolgt um die raumfesten Achsen eines zum Bildkoordinatensystem parallel liegenden Koordinatensystems. Der Koordinatenursprung des Systems liegt dabei im Ursprung des Objektkoordinatensystems, der sinnvollerweise in den Volumenschwerpunkt gelegt wird. Dadurch kann eine reine Rotation des Modells ohne Positionsänderung erreicht werden. Die Drehungen lassen sich durch die Winkel β_1 (Drehung um x-Achse) und β_2 (Drehung um y-Achse) angeben und in einzelnen Rotationsmatrizen, die zu einer Gesamtmatrix zusammengefaßt sind, beschreiben (vgl. Kapitel 7.2.2 Bild 7.5).

Die einfachste Möglichkeit, eine Projektion eines Objekts zu erzeugen, stellt die Parallelprojektion dar. Das Modell wird hierbei durch parallele und senkrecht zur Bildebene verlaufende "Strahlen" abgebildet.

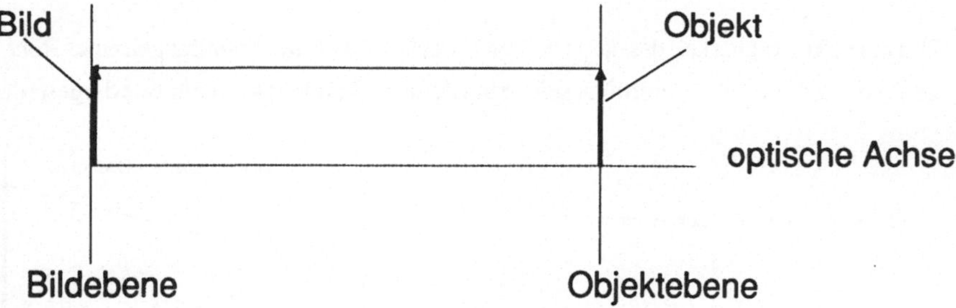

Bild 7.11 Parallelprojektion

Allerdings ist durch diese Art der Projektion eine Erfassung der zentralperspektivischen Verzerrung bei realen Kameraaufnahmen nicht möglich [7.46]. Die erhaltenen Abbildungen entsprechen nur bedingt den realen Verhältnissen, wobei bei ansteigendem Objektabstand von einer Kamera die Einflüsse der Perspektive geringer werden und eine Abbildung mit Parallelprojektion angenähert werden kann [7.5].

Eine verbesserte Abbildung erreicht die zentralperspektivische Projektion. Durch sie wird eine realitätsnahe Nachbildung der tatsächlichen Abbildung eines Objekts auf die Bildebene einer Kamera durchgeführt [7.46]. Um jedoch eine sinnvolle Projektion zu erhalten, müssen die Abbildungsverhältnisse, wie Bild- und Objektweite, hinreichend genau bekannt sein.

Das Projektionszentrum wird sinnvollerweise in Verlängerung der Z-Achse des Bildkoordinatensystems gelegt. Die Zentralprojektion berechnet sich dann für einzelne Objektpunkte nach folgenden Beziehungen:

$$x' = b\,x\,/\,g \quad , \quad \text{analog}$$

$$y' = b\,y\,/\,g$$

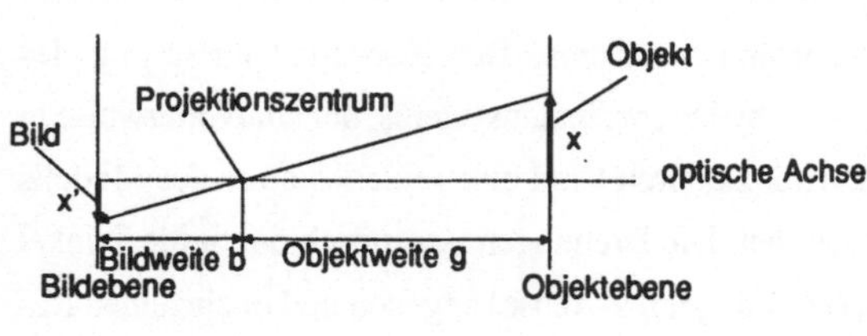

Bild 7.12 Zentralprojektion

Dabei sind x,y,z die Koordinaten des Punktes P im dreidimensionalen CAD-Raum und x', y' die Koordinaten des Bildpunkts in der Bildebene.

Um eine Übertragbarkeit des dargestellten Vorgehens auch auf Abbildungen eines Röntgenbildverstärkers zu überprüfen, seien kurz dessen Abbildungsverhältnisse dargestellt.

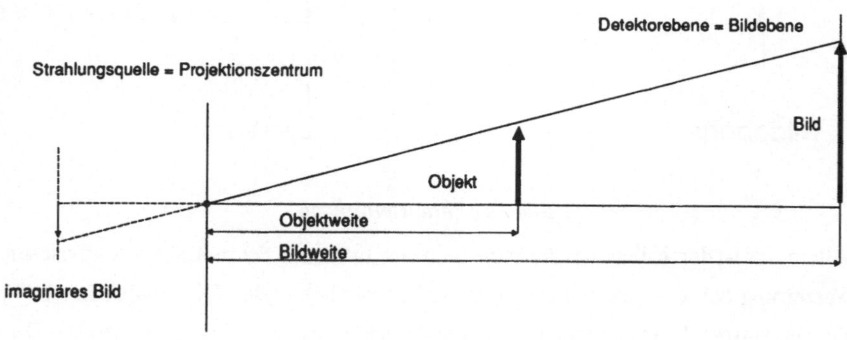

Bild 7.13 Abbildung im Röntgenbildverstärker [2.16]

Es ist ersichtlich, daß die Abbildung im wesentlichen einer Zentralprojektion entspricht. Die bestimmenden Größen sind ebenfalls Objekt- und Bildweite, die dem Abstand Strahlungsquelle-Detektor entspricht. Sind diese hinreichend genau bekannt, kann daher davon ausgegangen werden, daß eine Übertragung des Vorgehens möglich ist.

Durch die Projektion des Modells werden alle Linien des Modells in die Bildebene projiziert. Für die weitere Verarbeitung ist das konturbeschreibende Polygon zu ermitteln. Dazu werden ausgehend von einem extremen Polygonrandpunkt alle konturbeschreibenden Linien ermittelt. Dabei müssen Linienverschneidungen berücksichtigt werden, um den wahren Umriß und nicht eine konvexe Hülle zu erhalten. Bild 7.14 zeigt eine Projektion des CAD-Modells und das zugehörige konturbeschreibende Polygon.

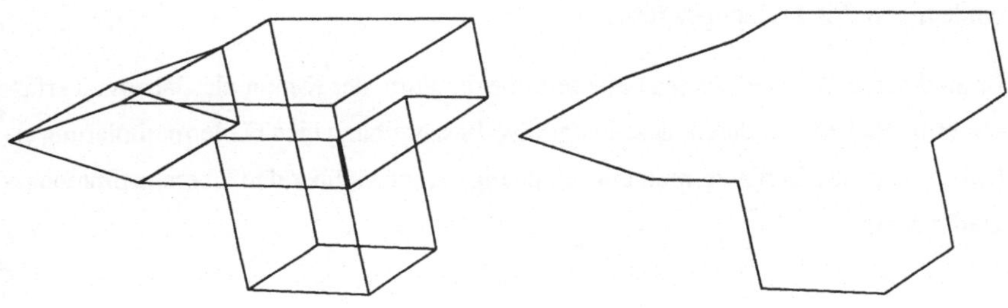

Bild 7.14 Projektion und konturbeschreibendes Polygon

Die Berechnung des Polygons erfordert der Linienanzahl entsprechend viele Verarbeitungsschritte. Das grundsätzliche Vorgehen ist jedoch ohne Einschränkung auf durch Triangulation rekonstruierte Objektmodelle anwendbar, wobei die benötigte Rechenzeit proportional der Zahl der projizierten Linien ist.

7.3.4 Beschreibungsformen für Konturen

7.3.4.1 Anforderungen

Die Beschreibung der Konturen soll einen Vergleich zwischen aufgenommenen und errechneten Konturen auf Übereinstimmung erlauben. Dabei ist eine Angabe über den

Grad der Übereinstimmung gefordert, da dieser die anschließende Veränderung der Modellage relativ zur Bildebene optimal beeinflussen soll. Da zunächst die Drehlage in der Bildebene nicht berücksichtigt wird, müssen bezüglich der ß3-Achse rotationsinvariante Beschreibungen ermittelt werden. Da weiterhin die exakten Abbildungsverhältnisse und damit die Größenverhältnisse zwischen Bild und Objekt nicht zuverläßig bekannt sind, ist eine größeninvariante Beschreibung der Konturen erforderlich.

Eine Beschreibung der Konturen durch einfache Grundelemente, aus den sich Konturen zusammensetzen lassen, wie z.B Kreisbögen, Geraden und einbeschreibbaren Rechtecken, und der generativen Struktur kommt nicht in Betracht, da bei einem Femur, wegen der Komplexität dessen Kontur, derartige Beschreibungen versagen oder zu nicht eindeutigen Beschreibungen führen.

Es sind daher Beschreibungen gefordert, die die Form der Kontur als Ganzes zu erfassen ermöglichen und durch diese integrative Beschreibung eine Fehlerminimierung erlauben. Die Beschreibung muß eine eindeutige Aussage über den Übereinstimmungsgrad zulassen.

7.3.4.2 Konturfunktion

Zur Beschreibung von Konturen wird in [7.19] ein Abtasten der Kontur durch vorgegebene Richtungen vorgeschlagen. Strahlen gehen dabei vom Flächenschwerpunkt aus und schließen mit der jeweils folgenden Geraden gleiche Winkel ein. Die Schnittpunkte der Strahlen mit der Kontur ergeben den zum Winkel gehörigen Radius R. Die Kontur kann daher als Funktion $R(\varphi)$ dargestellt werden.

Dieses Vorgehen hat den Nachteil, daß bei Hinterschneidungen im Konturverlauf durch konkave Teilstücke mehrere Schnittpunkte und damit Doppeldeutigkeiten der Zuordnung R und φ auftreten. Es kann keine eindeutige Funktion bestimmt werden. Das Vorgehen wird deshalb dahingehend abgewandelt, daß keine Winkelabtastung der Kontur sondern eine äquidistante Abtastung auf der Kontur selbst erfolgt. Ausgehend von einem beliebig wählbaren Startpunkt werden in gleichmäßigen Schrittweiten die Abstände des jeweiligen Konturpunkts zum Flächenschwerpunkt ermittelt (Bild 7.15).

Die Konturfunktion L stellt daher die Entfernung eines Punktes auf dem Polygon zum
Schwerpunkt des Polygons in Abhängigkeit des auf dem Umfang zurückgelegten Wegs
u dar. Die Funktion wiederholt sich periodisch nach einem Umlauf am Umfang. Identische Konturen, die verschiedene Drehlagen in der Bildebene einnehmen, ergeben identische Funktionen, die nur durch eine charakteristische "Phasenverschiebung" in Um-
fangsrichtung u, bedingt durch die Wahl des Startpunkts, gegeneinander versetzt sind.

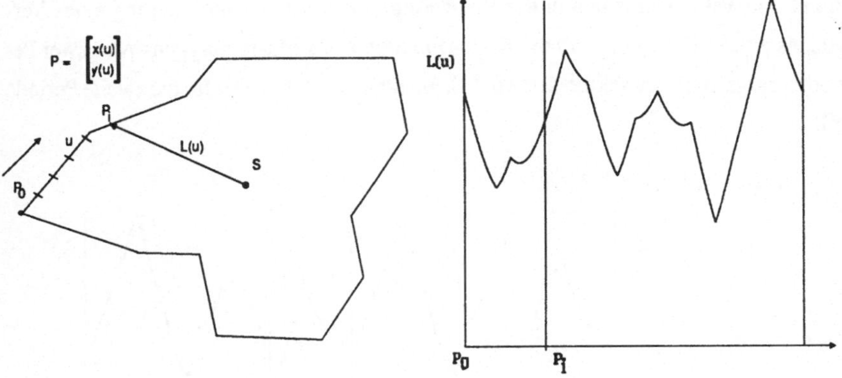

Bild 7.15 Ermittlung der Konturfunktion

Um eine größeninvariante, normierte Darstellung zu erhalten, erfolgt die Abtastung in
Teilen des Umfangs, wobei eine ausreichend hohe Stützpunktezahl vorhanden sein muß.
Eine Anzahl von ca.1000 hat sich in Versuchen bewährt. Eine geringere Anzahl tastet
die Kontur zu ungenau ab, eine größere Anzahl erhöht den benötigten Rechen- und Spei-
cheraufwand zusätzlich. Die Abstandswerte L_i sind jeweils auf den maximal auftretenden Abstand L_{max}, der dem Radius des kleinsten umschreibbaren Kreises entspricht,
bezogen.

Im Gegensatz zu den dimensionslosen Polygonmerkmalen, die das Polygon durch
wenige, charakteristische Kenngrößen beschreiben, entsteht bei der Aufstellung der
Konturfunktion eine große Datenmenge, sodaß sich diese Darstellungsform nicht für
einen schnellen Vergleich zweier Polygone geeignet. Vorteile ergeben sich jedoch
dadurch, daß der Vergleich von zweidimensionalen Polygonen, die als Folge von (x,y)-
Tupel dargestellt sind, auf den Vergleich von Funktionen einer Variablen zurückgeführt
werden kann, wobei sich eine eindeutige Aussage über die Gleichheit von Konturen
treffen läßt.

Mit der Konturfunktion lassen sich zwei Polygone A und B durch zwei Vektoren $_aL$ und $_bL$ beschreiben. Diese Vektoren besitzen n Elemente entsprechend der Zahl der Abtastschritte. Jedes Element L_i des Vektors steht für die Entfernung zum Schwerpunkt an der Stelle, die durch i Schritte der Länge du vom Startpunkt aus erreicht wurde. Für einen Vergleich müssen die Vektoren elementweise überprüft werden, wobei zu berücksichtigen ist, daß unterschiedliche Startpunkte zu Verschiebungen der Konturfunktionen und damit von Vektorelementen in der Reihenfolge führen. Zur Durchführung eines Vergleichs zweier Polygone wird die Konturfunktion eines Musterpolygons A in zwei Perioden dargestellt, der Vektor $_aL$ um n-1 Elemente erweitert, wobei für die zweite Periode gilt:

$$_aL_{i+n-1} = {_aL_i} \; ; \; i = 2, 3..., n$$

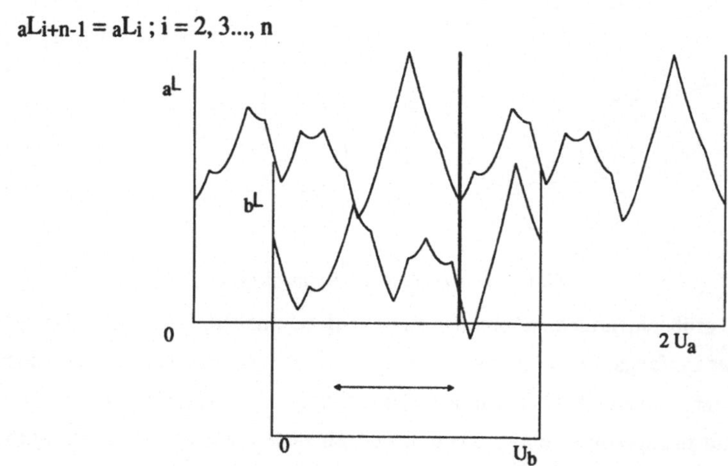

Bild 7.16 Vergleich zweier Konturfunktionen

Zum Vergleich der Vektoren $_aL$ und $_bL$ wird zunächst die Summe der Differenzenquadrate der einzelnen Elemente gebildet:

$$Q_j = \sum_i ({_aL_{i+j}} - {_bL_i})^2 \; ; \; j = 0, 1,...n-1 \; ; \; i = 1,..., n$$

Durch die Quadratbildung werden Differenzen verstärkt und erfolgt gleichzeitig eine Betragsbildung, so daß keine gegenseitige Aufhebung von Abweichungen eintritt.

Der Wert Q wird als Qualität der Deckungsgleichheit definiert. Aus allen berechneten Werten Q_j ergibt sich ein minimaler Wert Q_{min} für ein bestimmtes j_{min}. Dieser stellt die bestmögliche Übereinstimmung zweier Polygone bei einer Verschiebung der Funktionen von j_{min} Abtastschritten dar. Der Vergleich zweier Konturfunktionen läßt sich daher anschaulich als Verschieben der Funktionsverläufe bis zur optimalen Überdeckung deuten.

Durch den Wert Q kann eine Optimierung der Projektionslage des Objekts durchgeführt werden, da sich eindeutig der Grad der Übereinstimmung bestimmen läßt. Unterschreitet der Wert Q einen empirisch zu ermittelnden Grenzwert, sind die Polygone als identisch erkannt.

Nachteilig wirkt sich bei der Bestimmung der Differenzenquadrate aus, daß alle Vektorelemente bearbeitet werden müssen, wodurch großer Berechnungsaufwand entsteht. Zur Reduzierung des Aufwands kann ein Vorgehen, das einen Vergleich der Differenzen d_j von Vektorelementen durchführt, angewandt werden:

$$d_j = {}_aL_{i+j} - {}_bL_i \; ; \; j = 0, 1,..., n\text{-}1$$

Gibt es irgendein j, für das alle d_j unter einen vorgegebener Grenzwert d_{max} fallen, sind die Polygone identisch. Dieses Vergleichsverfahren liefert allerdings keinen Qualitätswert, sondern nur eine Aussage, ob Polygone übereinstimmen. Der Vorteil liegt darin, daß, sobald eine Einzeldifferenz d_j den Grenzwert überschreitet, die Verschiebung j erhöht werden kann. Durch die geringere Zahl von Berechungsschritten erfolgt der Vergleich schneller als bei der Methode der Differenzenquadrate.

Beide Konturvergleichsverfahren werden bei der Optimierung der Projektionsebene eingesetzt, je nach dem, ob eine schnelle Überprüfung der Konturidentität erfolgen soll oder ob der Grad der Konturübereinstimmung und die Drehung in der Bildebene bestimmt werden sollen.

7.3.4.3 Konturmerkmale

Für die Beschreibung von Konturen werden in der Literatur zahlreiche Möglichkeiten zur Bestimmung von Merkmalen beschrieben [3.11][3.17][7.19]. Als Merkmale werden dabei Größen verstanden, die sich aus der geometrischen Form herleiten lassen. Es lassen sich dabei rotationsabhängige und rotationsinvariante Merkmale bestimmen. In der angeführten Literatur ist ebenfalls die Bestimmung von dimensionslosen Formfaktoren dargestellt, wodurch eine größeninvariante Beschreibung möglich wird. Im dargestellten Ansatz werden die in Bild 7.17 dargestellten Merkmale bzw. Formfaktoren verwendet.

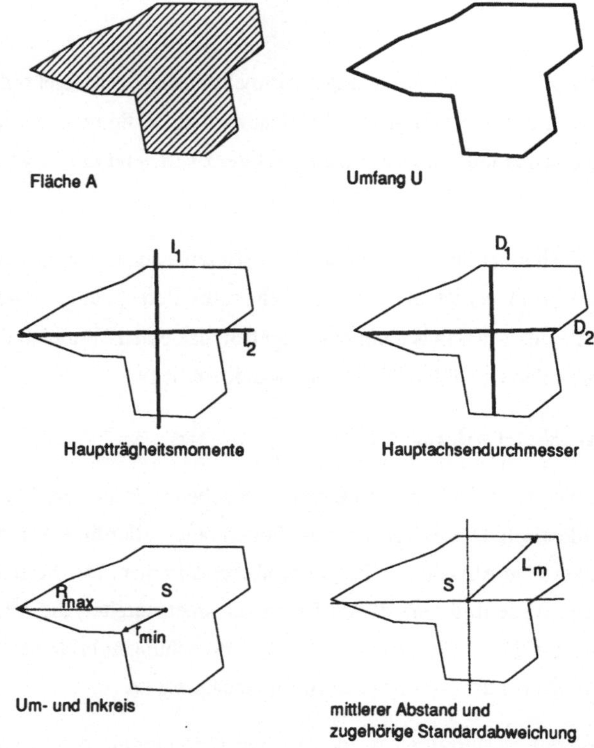

Bild 7.17 verwendete Merkmale und Formfaktoren

Von einem Polygon kann in einfacher Weise der Umfang und die Fläche bestimmt werden. Durch Normierung der Fläche durch das Quadrat des Umfangs erhält man einen dimensionslosen Formfaktor.

Als zweites Merkmal werden der Radius des größten einbeschreibbaren Kreises und des kleinsten umschreibbaren Kreises definiert. Als Formfaktor dient der Quotient der beiden Radien. Die Mittelpunkte der Kreise liegen jeweils auf dem Flächenschwerpunkt der Kontur.

In der Konturfunktion ist für jeden abgetasteten Punkt auf der Kontur der Abstand zum Flächenschwerpunkt bestimmt. Das dritte verwendete Merkmal ist durch die Standardabweichung der Konturfunktion vom entsprechenden Mittelwert definiert. Um einen dimensionslosen Formfaktor zu erhalten, wird der Wert der Standardabweichung auf den Umfang der Kontur bezogen.

Die quadratischen Flächenmomente eines Polygons erhält man durch Integration des Quadrats des Abstands eines Flächenelements über die Gesamtfläche des Polygons [7.82]. Dadurch gehen weiter vom Flächenschwerpunkt gelegene Konturbereiche stärker in die Merkmalsbildung ein. Zunächst werden die Trägheitsmomente I_x und I_y sowie das Deviationsmoment I_{xy} bezüglich den Achsen des Bildkoordinatensystems berechnet. Um bezüglich der ß3-Achse rotationsinvariante Größen zu erhalten, werden die Hauptträgheitsmomente bestimmt. Hierfür nehmen die Flächenträgheitsmomente Extremwerte I_1 und I_2 an, wogegen das Deviationsmoment verschwindet.

Für jede ebene Fläche existieren zwei senkrecht zueinander stehende Hauptträgheitsachsen. Damit lassen sich vier Schnittpunkte der Hauptachsen mit den Konturlinien und die Längen der in der Kontur liegenden Strecken bestimmen. Durch Division der Werte durch den Umfang erhält man einen weiteren dimensionslosen Formfaktor. Die Lage der Hauptachsen ist bestimmt durch den Winkel, der die Verdrehung der Hauptachsen zu den Koordinatenachsen angibt.

Um zwei Polygone anhand eines Formmerkmals miteinander vergleichen zu können, wird ein Gütewert G als dimensionslose Kennzahl definiert:

$$G = (1 - M_1/M_2)^2$$

Dabei stellen M_1 und M_2 jeweils einen dimensionlosen Formfaktor, der für beide Polygone berechnet wurde, dar. Der Gütewert gibt demnach an, wie groß die Übereinstimmung der Polygone in Bezug auf den betreffenden Formfaktor ist. Somit ist eine Bestimmungsgröße gefunden, die eine schnelle Beurteilung von Polygonen im Vergleich zu einem Musterpolygon erlaubt. Allerdings kann eine exakte Aussage über den Grad der Konturübereinstimmung sowie über die Drehlage in der Bildebene nur über die Konturfunktion erreicht werden. Daher werden beide Methoden bei der Optimierung der Projektionsebene eingesetzt (vgl. Kapitel 7.3.5.3).

7.3.5 Optimierung der Projektionsebene

7.3.5.1 Analyse des Optimierungsproblems

Die Orientierung eines Objekts kann durch drei unabhängige Drehungen im Bildkoordinatensystem beschrieben werden. Da eine Drehachse senkrecht zur Bildebene definiert ist, die somit die Drehlage eines Polygones in der Bildebene wiedergibt, und Konturdarstellungen, die eine rotationsinvariante Beschreibung ermöglichen, zur Verfügung stehen, erfolgt die Optimierung der Projektionslage in zwei Winkeln.

Aufgrund der schnelleren Berechenbarkeit im Gegensatz zur Konturfunktion sollen alle dargestellten dimensionslosen Formmerkmale als Funktionswerte für eine Optimierung dienen. Die Optimierungsaufgabe stellt sich damit als ein Problem dar, zwei unabhängige Variablen so zu variieren, daß eine abhängige Variable, der Gütewert, einen Extremwert, in diesem Fall ein Minimum, annimmt. Dabei spannen die unabhängigen Variablen, die beiden Drehwinkel β_1 und β_2 eine x-y-Ebene auf, die in den Grenzen von jeweils 0° bis 360° die Lage des Objekts widergibt. Der Gütewert jeder Lage, bzw. die Kombination der Winkel, zu einem vorgegebenen Musterpolygon kann als Höheninformation in z-Richtung gedeutet werden. Dadurch läßt sich das Optimierungsproblem als Suche nach einem Minimum in einem "Merkmalsgebirge" deuten. In der Literatur werden derartige Gebilde als Merkmalsraum bezeichnet [3.4]. Allerdings sind dort nicht die Drehwinkel des Vergleichobjekts die unabhängigen Variablen, sondern die Signalcharakteristiken unterschiedlicher Objekte in verschiedenen Signalkanälen. Dennoch sei die vorgestellte Darstellungsweise als Merkmalsraum eines Objekt bezeichnet. Im idealen Fall besitzt der Merkmalsraum, aufgrund der Definition des Gütewerts, genau ein Minimum.

Um nun eine Vorstellung über die Ausbildung der verschiedenen Merkmalsräume für jedes Merkmal zu erhalten, werden für jede Kombination der Winkel β_1 und β_2 in Winkelabständen von zwei Grad die dargestellten Merkmale berechnet und mit den Merkmalen eines Vergleichspolygons zum entsprechenden Gütewert verrechnet. Als Vergleich dient ein Polygon, das aus einer realen Ansicht des gegenständlichen Modells erzeugt wurde. Die Drehlage des Modells entspricht dabei Drehungen $\beta_1 = 143{,}9^o$ und $\beta_2 = 141{,}4^o$.

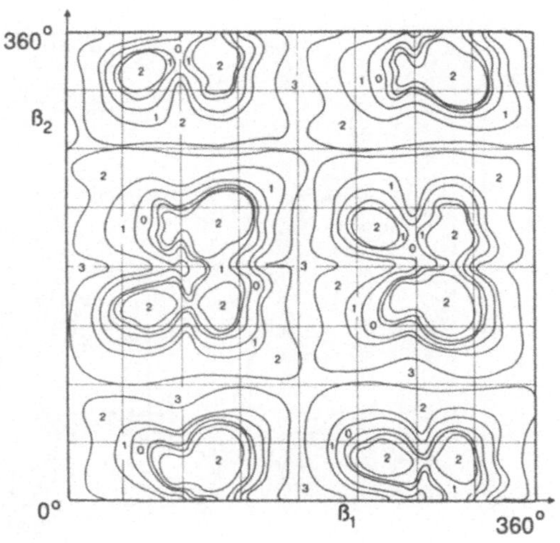

Bild 7.18 Merkmalsraum für das Merkmal A/U²

In Bild 7.18 ist der Merkmalsraum des Merkmals A/U^2 in einer Höhenlinienform dargestellt. Kleine Werte geben gute, große entsprechend schlechte Übereinstimmung des Merkmals an. Wie aus dem Bild ersichtlich, kann von diesem Merkmal nicht auf eine Lage geschlossen werden, da auf verschiedenen Kurvenzügen im Merkmalsraum ähnliche Werte für das Merkmal bestimmt sind. Daher ist dieses Merkmal für sich alleine nicht zur Lagebestimmung geeignet.

In Bild 7.19 ist der Merkmalsraum für das Merkmals R_{max}/r_{min} dargestellt. Auch hier ergibt sich das Problem der Vieldeutigkeit.

Auf die Darstellung des Merkmalsraums für das Merkmal der Standardabweichung wird hier verzichtet, da es ähnliche Struktur dem oben dargestellten hat und zum Verständnis keinen Beitrag liefern kann.

Der Merkmalsraum für die auf die Fläche bezogenen Trägheitsachsen ist in Bild 7.20 dargestellt. Es stellt sich auch hier heraus, daß die Aussagekraft einzelner Merkmale nicht ausreicht, um die Lage des Musterpolygons eindeutig zu charakterisieren. Vieldeutigkeiten der Lagen lassen sich daher nicht ausschließen. Anschaulich betrachtet, gibt es im "Merkmalsgebirge" keine singuläre Minimalstelle, sondern "Täler", in denen der Gütewert gegen den optimalen Wert strebt.

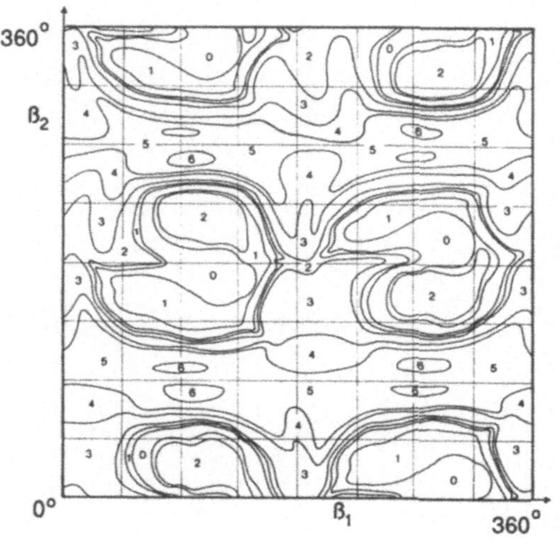

Bild 7.19 Merkmalsraum für das Merkmal R_{max}/R_{min}

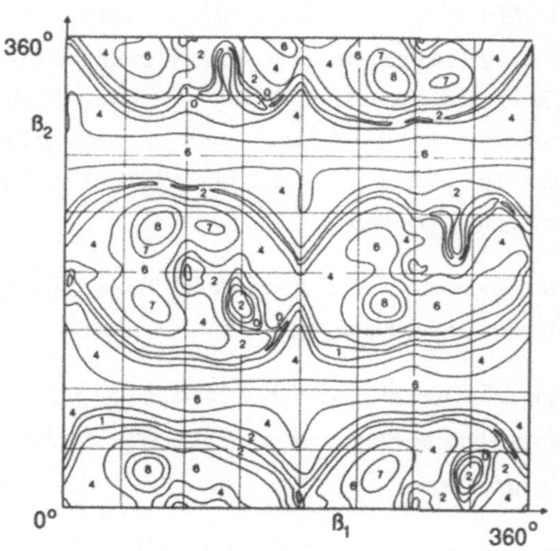

Merkmalsraum für das Merkmal I/A^2

Zur Entstehung der Darstellung ist zu sagen, daß aufgrund der begrenzten Auflösung nicht gänzlich auszuschließen ist, daß nur die gesuchte Lage den optimalen Wert besitzt. Der Unterschied zu anderen, ähnlich gut beurteilten Lagen im Gütewert ist dann aber so gering, daß durch Rundungsfehler bei der Berechnung dieser Unterschied bereits in die Toleranzschwelle für eine Beurteilung fällt. Daher ist die Behauptung gerechtfertigt, daß von einem Merkmal, das gute Übereinstimmung in vielen Lage liefert, nicht sicher auf die tatsächliche gesuchte Lage geschlossen werden kann.

Da die gesuchte Lage in allen Merkmalsräumen in einer Minimalstelle liegen muß, liegt der Gedanke nahe, durch Überlagerung der einzelnen Merkmalsräume eine eindeutige Charakterisierung zu ermöglichen. Die Überlagerung erfolgt dabei durch Addition der einzelnen Gütewerte wie anschaulich in Bild 7.21 gezeigt.

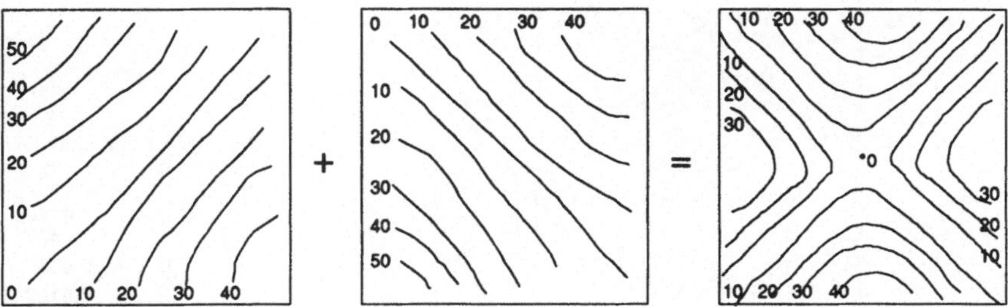

Bild 7.21 Überlagerung von Gütewertfunktionen

Damit alle Merkmale durch die Optimierung ein Minimum erreichen, werden die einzelnen Gütewerte G_i mit Gewichtungsfaktoren a_i beaufschlagt und zu einem Gesamtgütewert zusammengefaßt:

$$G_S = \sum_i a_i \cdot G_i \; ; \quad i = 1,...,7 \; ;$$

Die Gewichtungsfaktoren a_i werden in Versuchen empirisch ermittelt. Dabei muß beachtet werden, daß die dimensionslosen Kennzahlen der Merkmale unterschiedliche Größenordnungen besitzen. Kein Merkmal soll jedoch zu stark gewichtet werden, wodurch eine Optimierung die restlichen Kriterien weniger berücksichtigen und beeinflussen kann. Nach der Addition der einzelnen Gütewerte stellt sich der Merkmalsraum für das Summenmerkmal wie in Bild 7.22 gezeigt, dar.

Es ist ersichtlich, daß sich die Bereiche guter Übereinstimmung wesentlich reduzieren und zwei Positionen $P_1(\text{ß}_1; \text{ß}_2)$ und $P_2(\text{ß}_1'; \text{ß}_2')$ im Merkmalsraum einen idealen Übereinstimmungswert liefern. Diese Positionen stellen die gesuchte Lage im Merkmalsraum dar, wobei kein Widerspruch zur Eindeutigkeit der Lösung besteht. Die Betrachtung der Tranformationsmatrizen läßt erkennen, daß beide Lagen die gleiche Orientierung des Objekts im Raum beschreiben, da sich für die beiden Lagen identische Rotationmsatrizen ergeben, wobei die Drehwinkel den folgenden Beziehungen genügen:

$$\beta'_1 = \beta_1 + 180^\circ$$

$$\beta'_2 = 180^\circ - \beta_2$$

$$\beta'_3 = \beta_3 + 180^\circ$$

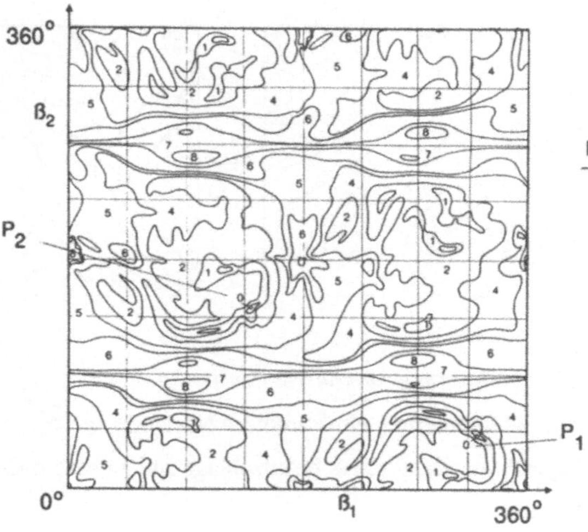

Höhenwert	Konturgüte G
0	0 ⟶ 0,0309
1	0,4159
2	1,2407
3	2,5055
4	4,2102
5	6,3549
6	10,5866
7	13,8586
8	17,5705
9	20

Bild 7.22 Merkmalsraum des Summenmerkmals

Durch die gewichtete Summe von Einzelmerkmalen ist damit eine eindeutige Charakterisierung einer Objektlage im Merkmalsraum gefunden. Dieses neue Merkmal dient für die Optimierung als zu beeinflussender Funktionswert zwei unabhängiger Variablen. Wie aus Bild 7.22 weiter ersichtlich ist, stellt die gesuchte Lage zwar das globale Minimum im Merkmalsraum dar. Es existieren jedoch zusätzlich lokale Minima, die von der "Ausdehung" des Winkelbereiches das globale Minimum übertreffen. Diesem Umstand muß bei der Wahl der Optimierungsverfahren Rechnung getragen werden, wie im folgenden Kapitel näher dargestellt ist.

7.3.5.2 Optimierungsverfahren

Ziel der Optimierung ist, die oben dargestellte Gütefunktion der Konturübereinstimmung zu minimieren. Da sich diese Gütefunktion nicht analytisch beschreiben läßt,
kommen nur Verfahren der numerischen Optimierung in Betracht. Weiterhin verhält sich
die Gütefunktion nichtlinear, Ableitungen der Funktion sind ebenfalls nicht erfaßt. In
der Literatur findet man zahlreiche Darstellungen von Verfahren zur numerischen Optimierung verschiedenster Problemstellungen. Eine Klassifizierung numerischer Optimierungsverfahren ist in Bild 7.23 dargestellt [7.60].

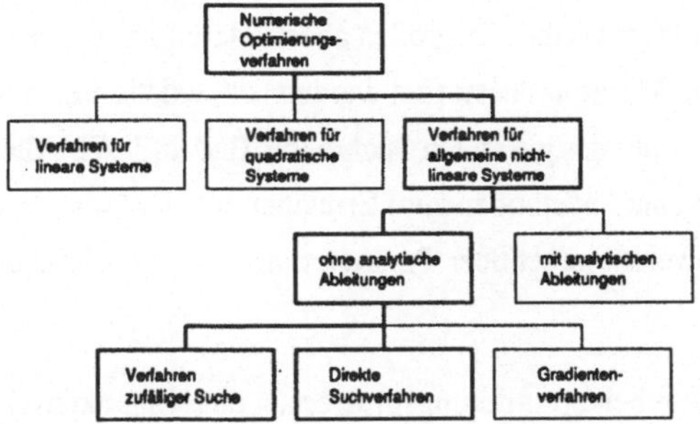

Bild 7.23 Klassifizierung numerischer Optimierungsverfahren

Von den im Bild umrahmt gekennzeichneten Verfahren wurden das Verfahren der zufälligen Suche sowie direkte Suchverfahren auf das Problem angewandt und auf ihre
Eignung untersucht. Da es nicht das Ziel der Entwicklung ist, das für das vorliegende
Problem geeignetste Optimierungsverfahren zu finden, wurden nur einige vorhandene
Optimierungsroutinen eingesetzt und ihre Eignung untersucht. Für spätere Verbesserungen ist es jedoch sinnvoll, im Bereich der Optimierung anzusetzen und geeignetere Methoden zu entwerfen.

Für die zu untersuchenden Verfahren muß die Aufgabe als Vektoroptimierungsproblem
beschrieben werden [7.61]. Dazu werden verschieden Größen definiert:

- die unabhängigen Variablen werden als Einflußparameter bezeichnet, in diesem
  Fall sind dies die Winkel β_1 und β_2

- das zu optimierende Ergebnis, hier der Konturgütewert, ist als Zielgröße definiert

- die Menge der zulässigen Lösungselemente bilden den Suchbereich des Optimie-
  rungsproblems. Er entspricht in diesem Fall dem Winkelwertebereich von
  0° bis 360° beider Winkel.

- die für die Bestimmung der jeweiligen Zielgröße in Abhängigkeit der Einflußparameter nötige Funktion wird als Zielfunktion $Z = f(\beta_1, \beta_2)$ bezeichnet und
  entspricht in diesem Fall dem Konturgütewert, der für jeden Punkt des Suchraums numerisch berechnet werden muß.

Ein globales Minimum liegt vor, wenn es für einen Punkt P eine Zielgröße Z (P) gibt,
die einen kleineren Wert als die Zielgrößen aller anderen Punkte des Suchraums liefert.
Obwohl das globale Minimum bestimmt werden soll, existiert kein sicheres Verfahren,
das den optimalen Punkt des gesamten Suchraums findet [7.67]. Alle im folgenden dargestellten Verfahren sind Methoden zum Erreichen lokaler Optima, die durch minima-
le Werte des Gütewertes gegenüber Punkten einer lokalen Umgebung ausgezeichnet
sind.

Im Allgemeinen kann bei Optimierungsproblemen eine Charakterisierung des globalen
Minimums durch einen Grenzwert nicht angegeben werden [7.66]. Dadurch ist die Ent-
scheidung, ob ein globales oder nur ein weiters lokales Minimum gefunden wurde,
schwierig oder gar unmöglich. Im Gegensatz dazu kann in diesem Fall ein anzustreben-
der Grenzwert der Zielgröße angegeben werden. Bei idealer Übereinstimmung und bei
Berechnung ohne Rundungsfehler nimmt dieser den Wert 0 an. In der Realität ist dieser
Wert jedoch nicht erreichbar. Zusätzlich kann durch Überprüfung gefundener Lagen
mittels der Konturfunktion eindeutig festgestellt werden, ob das globale Minimum erreicht ist. Damit ist ein vorzeitiger Abbruch des Verfahren bei einem Gütewerte nahe
Null ausgeschlossen. Ebenso kann ein Suchen nach weiteren Minima beendet werden,
wenn das Optimum erreicht ist.

- Direkte Suchverfahren

Direkte Suchverfahren ermöglichen das Auffinden von Extrempunkten in stetig und
monoton verlaufenden Funktionen mehrerer Variabler. Es können daher in beliebig aus-
gebildeten Funktionsgebirgen nur lokale Extrema ermittelt werden.

Zunächst wird das Hooke-Jeeves-Verfahren [7.57]verwendet, mit dem sich lokale Extrempunkte einer Funktion bestimmen lassen. Bei quadratischen Testfunktionen zeigt das Hooke-Jeeves-Verfahren gutes Konvergenzverhalten. Bei Anwendung auf die Gütewertfunktion konnte jedoch nur eine Konvergenz nach vielen Schritten verzeichnet werden. Dies liegt vor allem daran, daß das Verfahren nur Schritte in Richtung der Koordinatenachsen des Merkmalsraum zuläßt und keine Anpassung der Richtung im Lauf der Optimierung möglich ist.

Bei dem Powell-Verfahren [7.59] wird davon ausgegangen, daß bei einer quadratischen Funktion die Suche entlang konjugierter Richtungen direkt zum Minimum führt. Der schwerwiegende Nachteil des Verfahrens beruht auf der Tatsache, daß die Richtungen im Laufe der Iterationen sich annähern und zusammenfallen, wodurch nicht mehr der gesammte n-dimensionale Suchraum erfaßt werden kann [7.59].

Als weiteres Verfahren wird das Extremwertverfahren [7.58] untersucht. Das Vorgehen des Algorithmus ist in Bild 7.24 dargestellt. Der Ausgangspunkt Co für die iterative Suche des Extremums wird durch einen Schätzwert C(k) angenommen, der durch einen Vektor mit k Dimensionen, entsprechend den zu optimierenden Koeffizienten, repräsentiert wird. Die erste, vom Startwert ausgehende Suchrichtung wird ebenfalls durch einen Vektor DC(k) dargestellt. Die Komponenten dieses Vektors geben die Längen und Richtungen der ersten Suchschritte an. Über die Berechnung der Gütewerte an den Punkten 1, 2 und 3, jeweils entlang der gegebenen Hauptsuchrichtung wird eine lineare Interpolation zu Punkt 4 durchgeführt. Nach dieser Suche wird über eine Orthogonalisierungsprozedur eine zweite Richtung, eine sogenannte Nebenrichtung, definiert, die

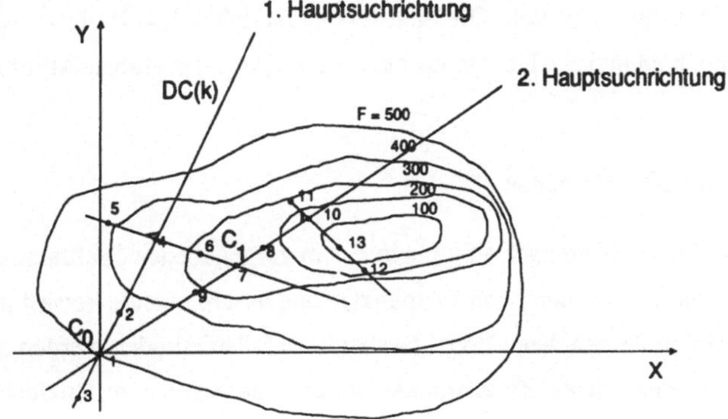

Bild 7.24 Extrem-Optimierungsverfahren

durch den extrapolierten Punkt 4 geht und senkrecht zur Hauptsuchrichtung verläuft.
Nach weiteren Schritten zu den Punkten 5 und 6 mit dazugehörigen Gütewertsberech-
nungen ergibt sich mit Punkt 7 der ungefähr extremale Wert entlang der Nebensuchrich-
tung. Bei einem k-dimensionalen Gütekriterium werden in gleicher Weise insgesamt k-
1 Nebensuchrichtungen und die entsprechenden extremalen Punkte bestimmt. Im Fall
der von $k = 2$ Koeffizienten abhängigen Form der Talmulde ist die erste Optimierungsstufe mit der Berechnung des Vektors C_1 im Punkt 7 abgeschlossen. Die neue, zweite
Hauptsuchrichtung für die nächste Optimierungsstufe ist nun durch die Linie gegeben,
die durch den Abschlußpunkt C_1 der letzten und den Abschlußpunkt C_0 der vorletzten
Optimierungsstufe verläuft. Das Vorgehen wiederholt sich entsprechend für weitere
Stufen.

Das Verfahren zeigte bei Versuchen mit der Gütewertfunktion das beste Konvergenzverhalten aller untersuchten Optimierungsverfahren. Dies liegt darin begründet, daß
sowohl eine Anpassung der Suchschrittlängen als auch der Suchrichtungen entsprechend den errechneten Zwischenergebnissen an das konkrete Problem erfolgt.

Wie bereits erwähnt, ist es für allgemeine Aufgabenstellungen unlösbar, das globale
Minimum zu finden, wenn die Zielfunktion beliebig viele Nebenminima besitzt. Es
können nur Methoden, die das Erreichen eines weiteren lokalen Minimums ermöglichen, bereitgestellt werden. Der Gelfand-Algortihmus [7.63][7.64] bietet eine Strategie
zur Suche nach weiteren lokalen Minima, wodurch auch das globale Minimum erreicht
werden kann. Es wird mit Hilfe eines direkten Suchverfahrens nach zwei lokalen
Minima gesucht. Entlang einer Geraden durch diese Minima wird mit einem Suchschritt
ein weiteres Minimum ermittelt. Die Schrittweite ist dabei dem Problem angepaßt zu
wählen. Dennoch kann der Algorithmus nicht zuverlässig das globale Minimum ermitteln.

- Verfahren mit zufälliger Suche

Die einfachste Möglichkeit nach Minima in einem vorgegebenen Suchraum zu suchen,
ist durch zufällige Bestimmung von Testpunkten und anschließende Bewertung der sich
ergebenden Zielgröße gegeben [7.65]. Derartige Zufallsmethoden werden als Monte-
Carlo-Verfahren bezeichnet. Zufallsmethoden, die durch keine systematische Vorgehensweise bei der Variation der Parameter eingeschränkt sind, eignen sich besonders für

Funktionen mit vielen Extrema. Häufig werden Zufallsmethoden zu Beginn mehrstufi-
ger Optimierungsstrategien eingesetzt, um eine Übersicht des Suchraums zu erhalten.
Die Verfahren dienen dann dazu, günstige Startwerte für nachfolgende systematische
Optimierungsroutinen zu ermitteln [7.60].

Zur Ermittlung geeigneter Startpunkte wird daher ein Zufallsverfahren implementiert.
Dazu erfolgt die Erzeugung von zufälligen Lagen im Merkmalsraum durch einen Zu-
fallsgenerator, der Werte im zulässigen Bereich von 0° bis 360° für β_1 und β_2 liefert.
Für diese zufällige Lage wird das in der Projektionsebene liegende umschreibende
Polygon bestimmt und eine Bewertung mit dem vorliegenden Vergleichspolygon
anhand des Summenmerkmals durchgeführt. Die Suche setzt sich solange fort, bis der
Gütewert einen bestimmten Grenzwert unterschreitet oder eine maximale Anzahl von
Versuchen durchgeführt wurde. Im ersten Fall ist es erfolgversprechend, den gefundenen Punkt als Startpunkt für eine anschließende Optimierung mit einem direkten Suchverfahren zu verwenden. Wie aus der graphischen Darstellung des Merkmalsraums ersichtlich ist, gibt es unter Umständen Nebenminima, die flächenmäßig einen großen
Bereich des Merkmalsraums abdecken, während das globale Minimum nur eine relativ
kleine Fläche einnimmt und sich sozusagen in einem spitz zulaufenden Trichter befindet. Bei einer gleichmäßigen Verteilung der Suchpunkte durch das Zufallsverfahren ist
davon auszugehen, daß wiederholt in Bereichen mit schlechter Konturübereinstimmung
gesucht wird.

Um dies zu verhindern sind Maßnahmen zur Einschränkung des Suchraums nötig, wodurch auch die
Schnelligkeit des Verfahren durch
geringere Anzahl von Versuchen
erhöht werden kann. Dazu wird nach
einer Optimierung an einer erfolg-
versprechenden, jedoch nicht zum
Extremum führenden Lage der
Merkmalsraum in einer Umgebung
für die weitere Bearbeitung gesperrt
(Bild 7.25)

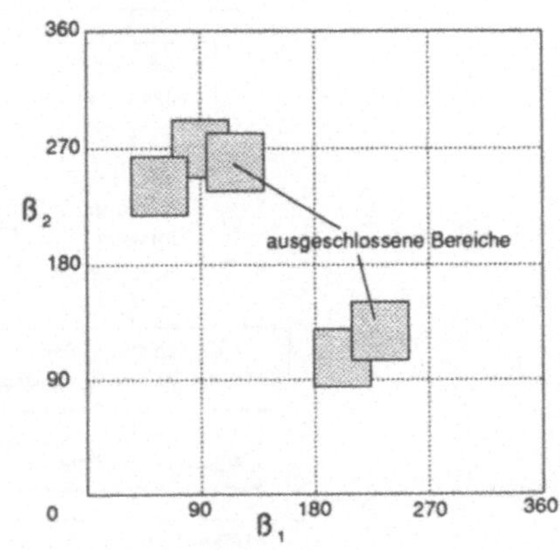

Bild 7.25 Aussperren von untersuchten Bereichen

121

Die Größe der aussperrenden Bereiche muß problemangepaßt ermittelt werden. Große
Bereiche bergen die Gefahr in sich, das globale Minimum auszusperren, kleine Bereiche reduzieren die Schnelligkeit des Verfahrens, da mehrere Versuche der Zufallssuche
möglich werden.

7.3.5.3 Struktur der Optimierung

Das zu Beginn aufgestellte Konzept zur Lagebestimmung muß gemäß den dargestellten Verfahren erweitert werden. Der entgültige Ablauf der Orientierungsbestimmung
läßt sich wie in Bild 7.26 darstellen.

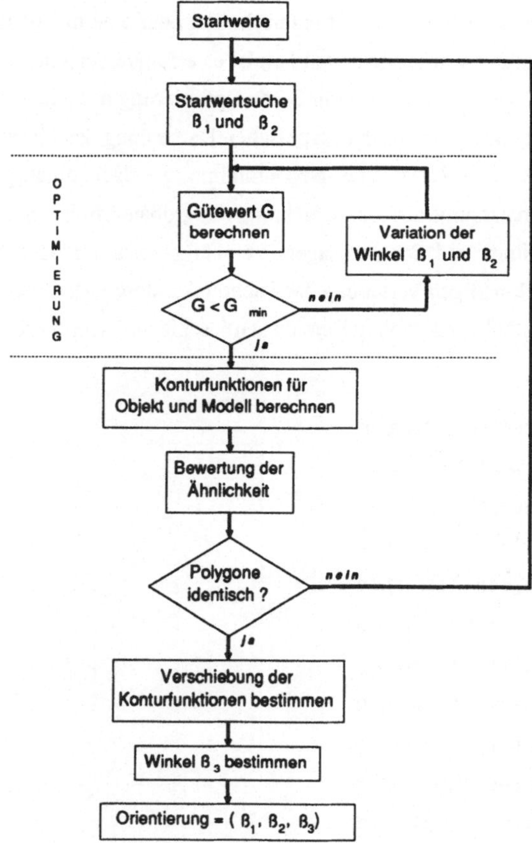

Bild 7.26 Ablauf der Orientierungsbestimmung

Zunächst werden mit dem Zufallsverfahren solange Werte für $ß_1$ und $ß_2$ bestimmt, bis der Gütewert des Summenmerkmals einen günstigen Startwert liefert. Die anschließende Optimierung arbeitet nach dem Extremwertverfahren und sucht vom Startwert ausgehend das lokale Minimum gesteuert durch den Gütewert des Summenmerkmals. Anschließend wird anhand der Konturfunktionen eine Gleichheit der Umrisse überprüft. Dies erfolgt durch das Verfahren der Einzeldifferenzen. Kann eine Gleichheit festgestellt werden, bricht das Verfahren mit dem gefundenen Optimum ab. Ist jedoch die maximale Einzeldifferenz zu groß, erfolgt ein Vergleich der Konturfunktionen mit der Methode der kleinsten Fehlerquadrate. Kann dabei eine gute Übereinstimmung der Polygone, bei nicht identischem Umriß, festgestellt werden, erfolgt eine Bestimmung eines neuen Startwerts in unmittelbarer Nähe des lokalen Minimums durch einen Zufallsschritt. Dieser Fall tritt häufig auf, da das globale Minimum meist nicht stark ausgeprägt und von mehreren Minima umgeben ist.

Dieses Vorgehen stellt ein mehrstufiges Optimierungsverfahren, das an das Problem des Konturvergleichs angepaßt ist, dar. Die einzelnen Grenzwerte sind empirisch zu ermitteln und gegebenenfalls an verschiedene Objektklassen anzupassen. Eine Beeinflussung verschiedener Parameter, wie Zahl der Abtastschritte und maximaler Grenzwert beim Vergleich von Konturfunktionen, sind zu berücksichtigen, falls eine Anpassung an erhöhte Genauigkeit oder Schnelligkeit erfolgen soll.

7.3.6 Bestimmung der Drehung in der Bildebene

Durch die Optimierung der Projektionsebene sind die lagebestimmenden Winkel $ß_1$ und $ß_2$ bestimmt. Zur vollständigen Beschreibung der Orientierung des Modellobjekts ist jedoch noch der Winkel $ß_3$ erforderlich, der die Drehlage des Objektumrisses in der Bildebene beschreibt. Dazu müssen geeignete Richtungsmerkmale an den Konturen definiert werden.

Häufig verwendete Richtungsmerkmale sind Achsenrichtungen der Hauptträgheitmomente, der Vektor vom Flächenschwerpunkt zum entferntest oder nähest liegenden Konturpunkt oder zu einem Punkt in einem charakteristisch geformten Konturabschnitt [7.68]. Bei industriellen Anwendungen werden auch Vektoren vom Flächenschwerpunkt zu Strukturelementen innerhalb der Kontur, wie Löchern oder Durchbrüchen, zur Orientierungsbestimmung im Zweidimensionalen verwendet [7.19].

Bis auf die Methode der Trägheitsachsen können diese Merkmale auf das vorliegende Problem nicht angewendet werden. Zum einen beruht das Vorgehen darauf, daß keine Information über innerhalb der Kontur gelegenen Strukturen vorliegt, zum anderen ist die Definition eines richtungsbestimmenden Punktes auf beliebig geformten Konturen mit den erwähnten Methoden nicht immer eindeutig. In Versuchen mit dem einfachen Modellobjekt zeigte sich, daß auch für die Richtungen der Hauptträgheitsachsen in manchen Fällen, wenn beide Momente etwa gleiche Beträge liefern, keine eindeutige Aussage mehr möglich ist.

Daher wird die zur Verfügung stehende Konturfunktion zur Bestimmung des Winkels β_3 eingesetzt. Beim Vergleich zweier Konturen erhält man mit Hilfe der Summe der Differenzenquadrate eine Verschiebung j_{min} der beiden Funktionen gegeneinander, bei der die Funktionen deckungsgleich sind. Da die Konturfunktion mit dem Umfang U periodisch ist, wird die auftretende Verschiebung durch die Wahl des Startpunkts für die Konturabtastung beeinflußt. Um die gegenseitige Verdrehung von Muster- und Vergleichspolygon zu bestimmen, genügt es, einen identischen Punkt auf beiden Polygonen zu finden. Die Verschiebung j_{min} legt nun fest, wieviele Abtastschritte zwischen dem Startpunkt des Polygons A und dem des Polygons B auf der Kontur liegen. Diese entsprechende Länge vom Startpunkt aus abgetragen, ergibt einen Punkt, der dem Startpunkt des zweiten Polygons entspricht. Aus den Richtungen der Vektoren der entsprechenden Punkte zum jeweiligen Flächenschwerpunkt zur X-Achse der Bildebene läßt sich daher der Verdrehungswinkel β_3 in der Ebene feststellen (Bild 7.27).

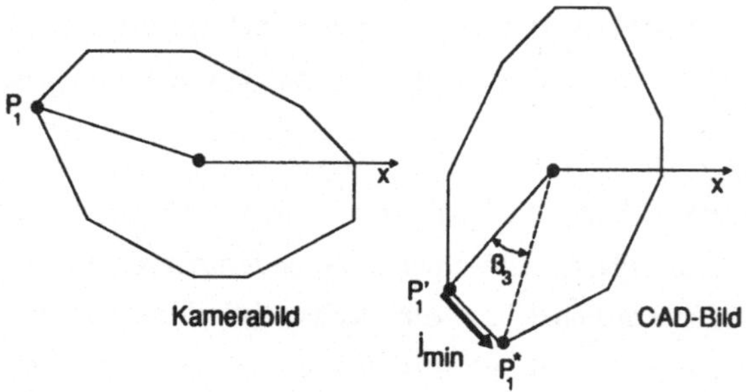

Bild 7.27 Bestimmung der Drehlage in der Bildebene

Damit sind alle drei Winkel zur Beschreibung der Orientierung des Objekt zur Bildebene bekannt.

7.3.7 Abschätzung der Genauigkeit

Vergleicht man nach der Bestimmung der Orientierungwinkel das Umrißpolygon, das aus der Kameraaufnahme gewonnen wurde, mit dem vom CAD-Modell errechneten, lassen sich keine Winkel- oder Längenabweichungen der Polygone feststellen. Die Genauigkeit der Orientierungsbestimmung soll daher durch Prinzipversuche abgeschätzt werden können. Die Lage des gegenständlichen Objekts kann durch einen Industrieroboter eingestellt werden, wodurch eine nahezu beliebige Wahl von einzustellenden Winkelwerten für die Orientierung des Objekts zur Kamera ermöglicht ist. Die Ansicht zur Kamera wird dabei so eingestellt, daß das Objekt mittig im Bild zu liegen kommt. Um die Messungen zu vereinfachen, werden die Drehachsen des Roboterhandkoordinatensystems so ausgerichtet, daß sie parallel zu den Achsen des Bildkoordinatensystems liegen. Dadurch kann eine Transformation der gemessenen Winkelwerte entfallen. Es werden nacheinander der Winkel β_1 und β_2, die den Winkeln T und A der Robotersteuerung entsprechen, verändert. Durch das Modul der Orientierungsbestimmung werden die Winkel anhand des sich im Kamerabild ergebenden Umrisses ermittelt.

In der ersten Meßreihe wird das Objekt um die x-Achse des Bild-KOS, entsprechend der T-Achse des Roboterhand-KOS gedreht. In der entsprechenden Spalte sind die gemessenen Winkeldifferenzen eingetragen. Im idealen Fall müßten diese Differenzen verschwinden. Hier jedoch ergeben sie ein Maß für die Genauigkeit der Orientierungsbestimmung. In diesem Fall beträgt die maximale Abweichung zwischen tatsächlicher und ermittelter Orientierung $0,5^\circ$.

In der zweiten Meßreihe wird das Objekt um die y-Achse des Bild-KOS, entsprechend der A-Achse des Roboterhand-KOS gedreht. Die maximale Abweichung beträgt in diesem Fall $0,6^\circ$.

Diese Angaben betreffen in der Form nur die Orientierungsgenauigkeit. Da jedoch von der Orientierung auch die Transformation von Punkten auf dem Objekt, die eine Maschine anfahren soll, beeinflußt wird, sei eine Abschätzung der erreichbaren Punktpositionsgenauigkeit durchgeführt. Dazu sei ein Punkt angenommen, der sich in einer vom

Objektbezugspunkt entferntesten Lage befindet. Als längenbestimmende Größe kann dabei der maximale Objektdurchmesser D verwendet werden. Der Objektbezugspunkt sei dabei mittig im Objekt angenommen. Der Positionsfehler dPos durch die toleranzbehaftete Orientierung einer Winkelgröße dß läßt sich nach Bild 7.28 formulieren:

$$dPos = 1/2 \cdot D \cdot \sin d\text{ß}$$

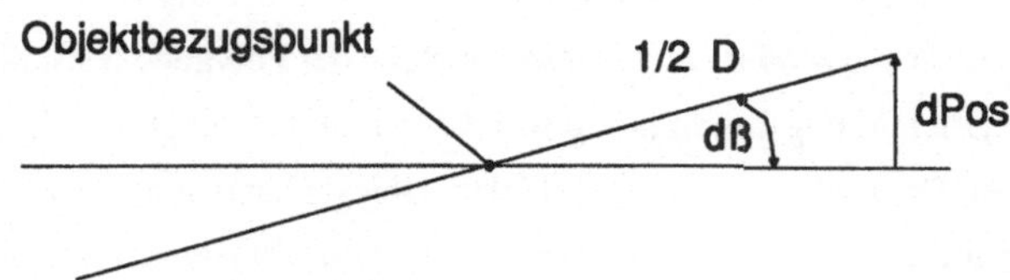

Bild 7.28 Abschätzung des Positionsfehlers

Aus dem Zusammenhang ist ersichtlich, daß bei großen Objekten die Positionsfehler ebenfalls größer ausfallen werden. Bei der Annahme eines Winkelfehlers von $0,5^0$ und einem Objektdurchmesser von 200 mm kann eine rechnerische Positionsgenauigkeit von 0,87 mm erreicht werden. Zu diesem Positionsfehler kommt noch der Fehler bei der Positionsbestimung des Objektbezugspunkts hinzu, so daß die dargestellte Größe für sich noch keine Aussage über die absolute Genauigkeit zuläßt (vgl. Kapitel 7.4).

7.3.8 Einflüsse der Zentralprojektion

Wie bereits erläutert, geht in die Berechnung der zentralperspektivischen Ansicht der Abstand Objekt - Projektionszentrum ein. Entspricht der in der Berechung verwendete Abstand nicht den Realitäten, treten Fehler in der Bestimmung der Orientierungslage auf, da die berechneten Konturpolygone einer anderen Perspektive entsprechen. Durch zusätzliche Maßnahmen muß daher sichergestellt sein, daß ein hinreichend genau bestimmter Abstand eingehalten oder bei der Lagebestimmung ermittelt werden kann.

Um die Größe des Einflusses des Abstands auf die Abbildung zu überprüfen, wird der Abstand in einem bestimmten Bereich variiert und der Einfluß auf die Güte des Summenmerkmals festgestellt. Dabei wird eine Kontur bei optimalem Abstand als Referenz verwendet. In Bild 7.29 ist der Verlauf der Konturgüte über dem Objektabstand z dargestellt. Zu erkennen ist, daß Fehler bei zu kleinem Abstand größeren Einfluß haben als bei zu großem Abstand.

Nicht nur der Objektabstand beeinflußt die zentralperspektivische Abbildung. Auch der Versatz x eines Objekts zur optischen Achse, angegeben im Bildkoordinatensystem, bewirkt eine Änderung der Ansicht. Anschaulich kann dies durch eine "etwas seitliche" Ansicht gedeutet werden. Um diesen Einfluß beurteilen zu können, werden entsprechende Berechnungen wie oben erläutert durchgeführt. Dabei wird entsprechend der seitliche Versatz des Objekts zur optischen Achse variiert, ausgedrückt durch den Abstand des Objektbezugspunkts von der Achse (Bild 7.29).

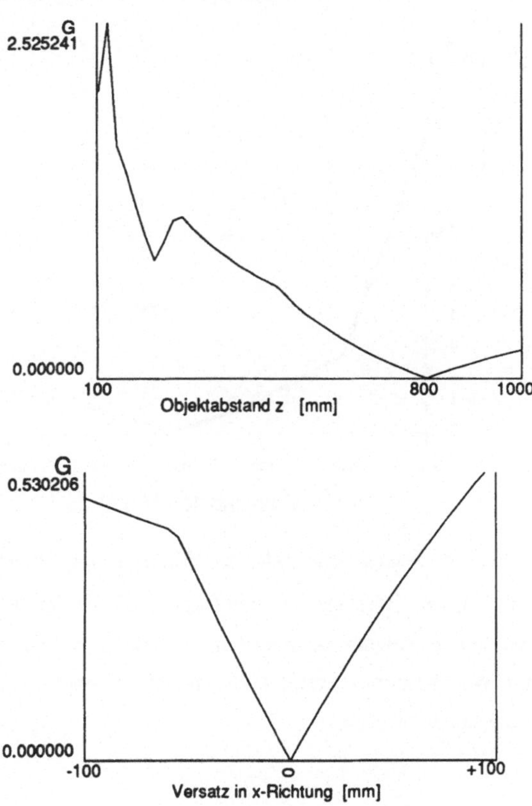

Bild 7.29 Einflüsse der Zentralprojektion auf den Gütewert

Es ist ersichtlich, daß sich durch Abweichungen zwischen realer und nachgebildeter Abbildung Fehler bei der Bestimmung der Orientierung ergeben können. Durch geeignete Maßnahmen muß der Einfluß der zentralperspektivischen Abbildung verringert werden (vgl. Kap. 7.5). Da sich aus den Gütewerten nicht analytisch herleiten läßt, welche   Orientierungswinkel sich ergeben, ist in Bild 7.30 der Verlauf des Orientierungswinkelfehlers über dem Abstand aufgetragen. Eine Kameraaufnahme wird durch eine Projektion des CAD-Modells simuliert, wobei Abstand und Versatz kontrolliert variiert werden können. Anschließend ermittelt das Programmsystem die optimalen Winkel . Die auftretenden Winkelfehler werden zu einem Gesamtfehler zusammengefaßt:

$$d\beta = (\, d\beta_1{}^2 + d\beta_2{}^2\,)^{1/2}$$

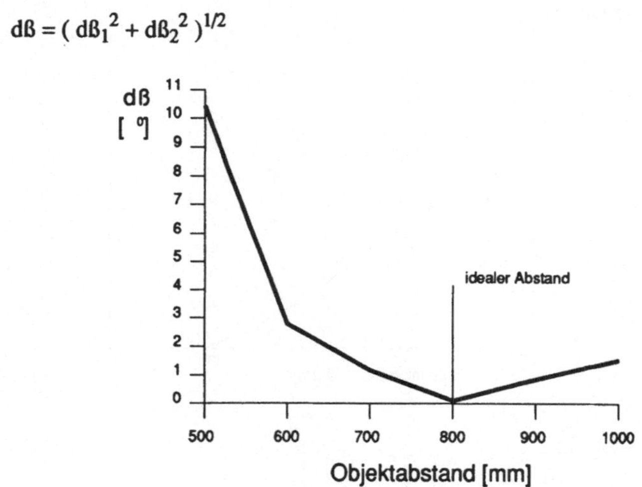

7.30 Orientierungswinkelfehler in Abhängigkeit des Abstands

Innerhalb eines begrenzten Bereiches können folglich die Fehler auf ein tolerierbares Maß reduziert werden . In einem Gesamtsystem muß der auftretende Gesamtfehler auf einen bestimmten Wert beschränkt sein, wodurch sich die maximal zulässigen Fehler der Teilsysteme abschätzen lassen.

7.4 Bestimmung der Position

7.4.1 Lösungsansätze

Im Modul zur Bestimmung der Orientierung können die rotatorischen Freiheitsgrade eines Objekts berechnet werden. Die Lage eines Körpers im Raum ist jedoch erst durch zusätzliche Bestimmung der drei translatorischen Freiheitsgrade festgelegt. Es muß demnach in einem Bezugskoordinatensystem ein Translationsvektor für einen ausgezeichneten Punkt des Objekts, den Objektbezugspunkt, bestimmt werden.

Unter Verwendung nur einer Kamera stellt sich das Problem, daß nur x- und y-Koordinaten des gesuchten Punktes in der Bildebene gegeben sind, aber x-, y- und z-Koordinaten im Raumsystem gesucht sind. Es können daher nur zwei Gleichungen mit drei Unbekannten aufgestellt werden. Mathematisch ergibt sich daraus eine einparametrische Lösungsmenge, die geometrisch als Gerade interpretiert werden kann (Bild 7.31). Jeder Raumpunkt auf dieser Geraden ergibt den gleichen Bildpunkt.

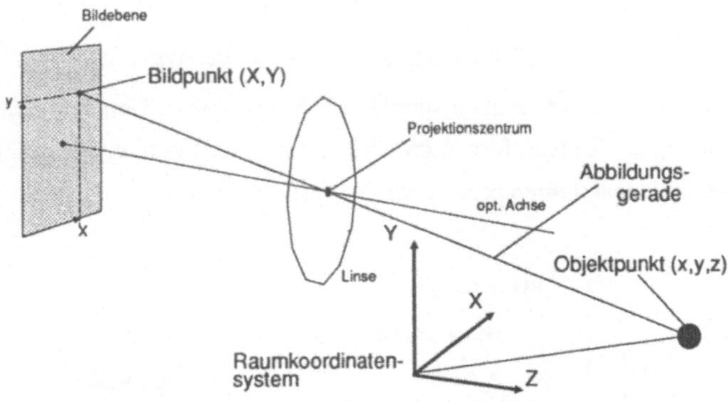

Bild 7.31 Abbildung eines Raumpunkts auf die Bildebene

Bei bekannten Problemlösungen in der Technik kann oft vorausgesetzt werden, daß sich ein Objekt nur auf einer definierten Ebene bewegen kann und somit die z-Koordinate bekannt ist. Daraus ergibt sich eine einfache Lösung mit einer Kamera, die bezüglich der Ebene einmal vermessen werden muß, was sich mit Hilfe eines geometrischen Maßstabs und einer Dreisatzrechnung einfach durchführen läßt. Für das vorliegende Problem kann dieses Vorgehen jedoch nicht angewandt werden, da keine definierte z-Koordinate vorausgesetzt werden kann.

Erst durch Einführung einer zusätzlichen Information durch ein weiteres auswertbares Bild läßt sich dieses Problem eindeutig lösen. Daher ist die Einführung einer zweiten Kamera sinnvoll. Ein zweites Abbild desselben Objekts aus einer anderen Perspektive ergibt zwei zusätzliche Bestimmungsgleichungen in x- und y-Koordinaten, wodurch sich vier Abbildungsgleichungen mit drei Unbekannten aufstellen lassen. Dies führt zu einer einfachen Überbestimmtheit der Lösung und somit zu einer Redundanz, die eine Fehlerbehandlung ermöglichen kann (Bild 7.32).

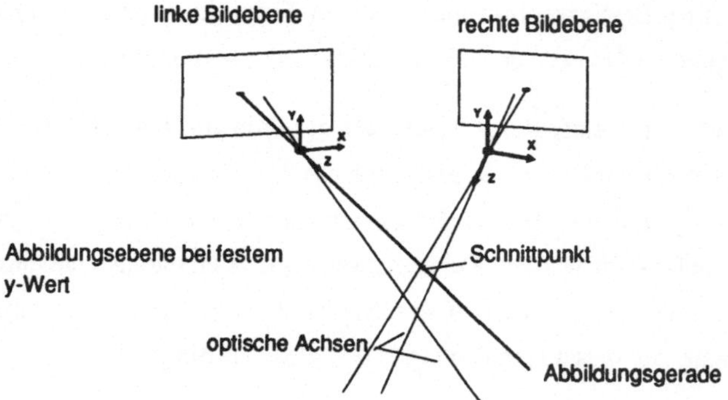

Bild 7.32 Lösungsansatz mit zwei Kameras

Die geometrische Interpretation entspricht dem Schnitt zweier Geraden. Das Verfahren zur Berechnung der Tiefeninformation wird daher in der Literatur als Strahlenschnitt- oder Triangulationsverfahren bezeichnet [7.74] (Bild 7.33).

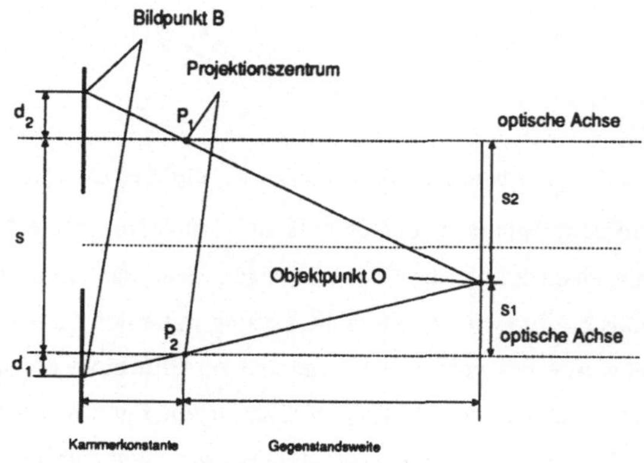

Bild 7.33 Triangulations- oder Strahlenschnittverfahren

Mit Hilfe zweier optischer Abbildungssysteme wird dabei eine räumliche Information gewonnen. Die Entfernung eines Bildpunktes B von der optischen Achse ist proportional zur Entfernung des Objektpunkts O vom Projektionszentrum P. Die Differenz zwischen den Abständen zur optischen Achse d_1 und d_2 wird als Parallaxe bezeichnet.

Um das Strahlenschnittverfahren anwenden zu können, müssen die Bildpunkte eines Objektpunktes jeweils in beiden Bildern gefunden werden können. Sind diese sogenannten Paßpunkte ermittelt, stellt die Tiefenberechnung kein Problem mehr dar [7.70][7.46]. Liegt kein a priori Wissen über das Objekt vor, kann nur eine grauwertbasierte Paßpunktsuche erfolgen. Steht jedoch eine gewisse Information zu Verfügung, kann eine merkmalsbasierte Paßpunktsuche durchgeführt werden. Im ersteren Fall werden gleiche Grauwertstrukturen in beiden Bildern gesucht und zugeordnete Punkte bestimmt [7.71][7.72][7.73]. Dadurch ergibt sich ein hoher Berechnungsaufwand. Es existiert zur Zeit noch kein Verfahren, das auch in komplexen Bildern nach diesem Verfahren zuverlässig arbeitet. Merkmalsbasierte Paßpunktsuche erfordert die Verarbeitung der Grauwertbilder zur Erfassung von Linien, Ecken und Punktanhäufungen. Markante Merkmale, die in beiden Bildern gefunden werden können, werden anschließend zur Bestimmung der Paßpunkte verwendet [7.39][7.40].

7.4.2 Definition der Paßpunkte

Um eine Lagebestimmung vorzunehmen, stellt sich als zentrales Problem die Ermittlung von Paßpunkten. Da bei der Auswertung von Röntgenaufnahmen eine Graubildauswertung zur Paßpunktbestimmung aufgrund der Komplexität nicht sinnvoll erscheint, wird eine merkmalsbasierte Paßpunktbestimmung verfolgt. Im Röntgenbild läßt sich wie bereits erläutert, der Umriß eines Objekts gesichert detektieren. Da jedoch keine markanten Punkte an Ecken oder Kanten auftreten, die zu einer Paßpunktbestimmung verwendet werden können, wird der Volumenschwerpunkt als Paßpunkt gewählt. Die Flächenschwerpunkte der abgebildeten Konturen in zwei Ansichten lassen sich nicht verwenden, da sie sich mit der Blickrichtung ändern und sich daher damit kein eindeutiger Punkt im Raum darstellen läßt.

Aus einer zweidimensionalen Ansicht läßt sich der Volumenschwerpunkt jedoch nicht ermitteln, da eine Information über das Volumen fehlt. Doch hier läßt sich gezielt die

Objektinformation des rekonstruierten Objekts bzw. des CAD-Modells ausnützen. Durch das vorgeschaltete Modul kann die Orientierung des Objekts zur Bildebene ermittelt und somit eine Ansicht reproduziert werden. Durch die 3D-Information über die Objektgeometrie ist man in der Lage sowohl den Volumenschwerpunkt als auch den Flächenschwerpunkt in der umschreibenden Projektion zu bestimmen. Zwischen diesen beiden Punkten läßt sich ein Verschiebungsvektor im CAD-System aufstellen, der durch eine Normierung auf den Umfang der Kontur unabhängig vom Maßstab der Abbildung ist. Überträgt man diesen Vektor in die Kameraaufnahme, kann das imaginäre Bild des Volumenschwerpunkts berechnet werden (Bild 7.34).

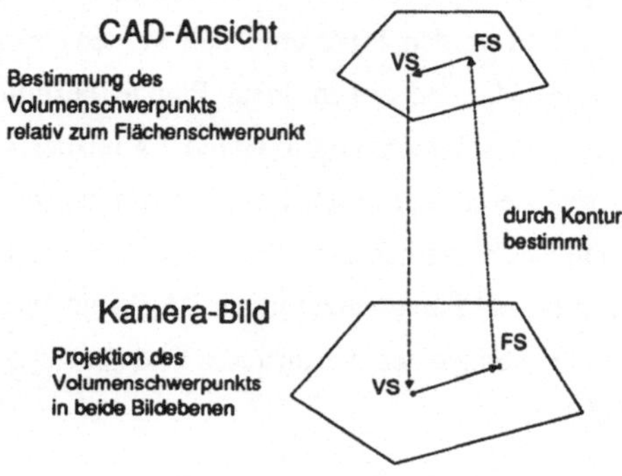

Bild 7.34 Volumenschwerpunkt als Paßpunkt

Der Volumenschwerpunkt ergibt somit zwei imaginär abgebildete Punkte in beiden Kameraaufnahmen, angegeben im Bildkoordinatensystem. Über das Strahlenschnittverfahren kann anschließend die Position des Volumenschwerpunkts bestimmt werden. Es ist dabei sinnvoll, den Volumenschwerpunkt auch als Objektbezugspunkt zu wählen, da dadurch eine zusätzliche Transformation zwischen Paßpunkt und Objektbezugspunkt entfallen kann.

7.4.3 Anordnung der Abbildungssysteme

7.4.3.1 Parallele Anordnung der optischen Achsen

Im Forschungsbereich der künstlichen Intelligenz wird das Erfassen dreidimensionaler Objekte durch Stereobildauswertung untersucht [7.70]. Dabei wird häufig eine parallele Anordnung der Kameras durchgeführt. Der Vorteil dieser Anordnung besteht in der vergleichsweise trivialen Berechnung der Abstandsberechnung durch das Triangulationsverfahren. Als gravierende Nachteile erweisen sich jedoch der begrenzte gemeinsame Bildausschnitt und der sich aus der Geometrie ergebende schleifende Schnitt der Bildgeraden, wodurch nur geringe Genauigkeiten erreichbar sind.

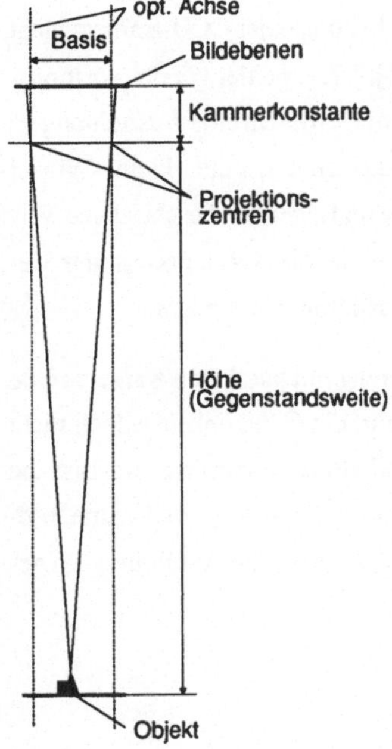

Bild 7.35 Entfernungsmessung mit zwei parallelen Kameras

Zur Abschätzung der erzielbaren Genauigkeit sowie zur Erfassung der Einflußgrößen wird eine Abstandsbestimmung durch parallel angeordente Kameras durchgeführt. Der schematische Versuchsaufbau ist in Bild 7.35 dargestellt.

Als Testkörper wird das CAD-Objekt verwendet. Durch rückseitige Beleuchtung des Testkörpers können ideale Lichtverhältnisse zur Kantenextraktion geschaffen werden. Durch Auswertung der Grauwertbilder können die Konturen sowie die Punkte zur Polygonapproximierung bestimmt werden. Die gefundenen Polygonpunkte eines Bildes müssen interaktiv den Punkten des anderen Bildes zugeordnet werden, wodurch sich Paare von Paßpunkten ergeben. Vor der eigentlichen Vermessung wird eine Justierung durchgeführt, damit die Bildebenen, d.h. die Sensor-Oberflächen, parallel zueinander liegen.

Durch die Auswertung aufgenommener Pixelwerte kann eine Bestimmung der Abstände der Objektpunkte vorgenommen werden. Dabei treten Abweichungen der berechneten Entfernungen von bis zu 30 mm auf. Diese Ergebnisse decken sich mit Aussagen in [7.77], wo Fehler bis zu 50 mm toleriert werden.

Die nur geringe Genauigkeit läßt sich durch das ungünstige Basis-Höhen-Verhältnis erklären, worunter man das Verhältnis des Abstands der Projektionszentren der Kameras zum Objektabstand versteht. Mit abnehmendem Verhältnis wird der Winkel zwischen den sich schneidenden Abbildungsgeraden spitzer, es ergibt sich ein schleifender Schnitt. Dadurch wirken sich Fehler in der Bildebene, d.h. Fehler bei der Bildpunktbestimmung in Millimetereinheiten, zunehmend stark auf die zu bestimmende Tiefe aus. Auf diese Problematik des Binokular-Stereo, bei einer kleinen Basis große Meßfehler, bei einer großen Basis Schwierigkeiten der Paßpunktermittlung in Kauf nehmen zu müssen, wird auch in [7.46] hingewiesen.

Die Tatsache, daß systematische Fehler der Signalverarbeitung einer CCD-Kamera nicht berücksichtigt werden, wirkt sich nicht stark aus [7.74][7.75]. Fehler bei der Positionsbestimmung der Kameras selbst überwiegen bei weitem [7.76]. Da eine Ausrichtung an den Kameragehäusen keine ideal parallele Ausrichtung erlaubt, treten kleine Winkel zwischen den optischen Achsen auf, die nur durch eine im folgenden beschriebene Vorgehensweise der Eichung erfaßt werden können. Ebenso hat die Kammerkonstante wesentlichen Einfluß, der nur durch ein Eichverfahren bestimmt werden kann.

Zusammenfassend läßt sich festhalten, daß die Anordnung mit parallelen Kameras eine einfache Berechnung der Tiefeninformation ermöglicht, die Genauigkeit jedoch nicht ausreichend ist. Um ein akzeptables Basis-Höhen-Verhältnis einzuhalten, müssen die Kameras entsprechend weit auseinandergerückt werden, wodurch der gemeinsame Bildausschnitt verkleinert wird und eine Paßpunktbestimmung bzw. die Abbildung des gesamten Objekts erschwert ist.

7.4.3.2 Winkelanordnung der optischen Achsen

Um die Problematik des kleinen gemeinsamen Bildausschnitts sowie des schleifenden Schnitts bei parallel angeordneten Kameras zu umgehen, nutzt man in der Technik die auch in der Natur angewandte Methode der zueinander geneigt angeordneten optischen Abbildungssysteme. Ein Objekt kann dadurch von beiden Abbildungssystemen "fixiert" und optimal aufgenommen werden (Bild 7.36).

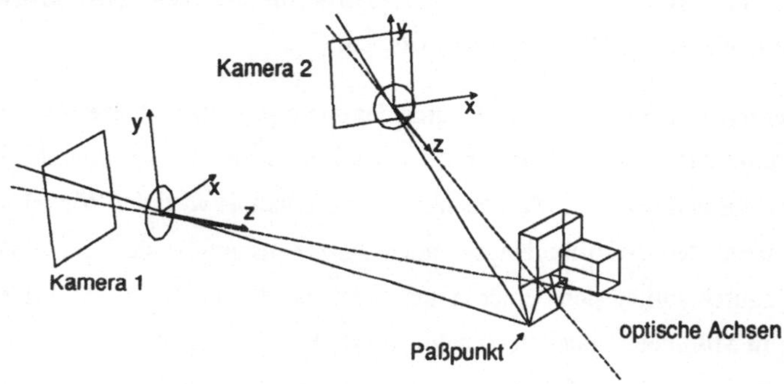

Bild 7.36 Winkelanordnung der Kameras

Ziel der Anordnung ist es, einen beliebigen Punkt im Raum in allen drei Koordinaten zu vermessen. Dazu ist jedoch erforderlich, beide Abbildungssysteme in einem Bezugs-koordinatensystem beschreiben bzw. eine Transformation zwischen beiden Kamerasy-stemen angeben zu können. Sind beide Abbildungssysteme im Bezugskoordinatensy-stem beschrieben, läßt sich in jedem Abbildungssystem für jeden Punkt der Bildebenen eine Abbildungsgerade berechnen. Der Schnittpunkt der beiden Abbildungsgeraden ergibt dann den gesuchten Raumpunkt, vorausgesetzt der Punkt bildet sich in beiden Systemen ab. Zur Erfassung der räumlichen Zuordnung der Bildebenen zu einem Be-zugssystem können verschiedene Lösungen angegeben werden. Dieser Vorgang wird als Eichung bezeichnet.

7.4.4 Eichung des Sensorsystems

7.4.4.1 Einführung

Eine übliche Aufgabenstellung in der Photogrammetrie ist die Tiefenmessung mit zwei Kamerasystemen, wobei beide Systeme ein Objekt fixieren bzw. bei Luftbildaufnahmen annähernd gleiche Bildausschnitte liefern. Über die Positionen der beiden Kameras müssen nur grobe Näherungswerte bekannt sein, um eine Beschreibung in einem Ko-ordinatensystem durch eine Berechnung zu ermöglichen [7.78]. Das eingesetzte Verfah-ren wird als Bündelverfahren mit Blockausgleich bezeichnet.

Ein optisches System läßt sich vollständig mit sechs äußeren und sechs inneren Frei-heitsgraden FG bezüglich eines Bezugssystems beschreiben:

äußere Freiheitsgrade: 3 FG der Rotation

                           3 FG der Translation

innere Freiheitsgrade: 2 FG Hauptpunkt x, y

                           2 FG Skalierung x, y

                           1 FG Kammerkonstante

                           1 FG Linsenfehlerkorrektur

Man geht dabei von einer bestimmten Anzahl von Paßpunkten, die interaktiv bestimmt werden, aus. Die Punkte müssen in x, y, z-Koordinaten im Raum und in x,y-Koordinaten in den Bildmatrizen bestimmt sein. Durch das Verfahren werden die Transformationen zwischen den Abbildungssystemen und dem Bezugssystem bestimmt. Dazu werden für die Paßpunkte die Abbildungsgleichungen in beiden Kamerasystemen aufgestellt, wobei die Bildkoordinaten in beiden Bildern die bekannten Größen darstellen.

Mathematisch beruht das Verfahren auf der iterativen Lösung eines sich aus den Abbildungsgleichungen ergebenden inhomogenen nichtlinearen Gleichungssystems. Durch eine iterative Lösung ist es möglich, Werte, die in die Rechnung eingehen, mit einer Toleranz zu versehen und so die Parameter mit einem möglichst geringen Fehler an das Abbildungsmodell anzupassen. Fehler, die durch die Messung der Bildkoordinaten in die Rechnung eingebracht werden, können durch Ausgleichsverfahren minimiert und zum Teil ausgeglichen werden, wenn mehr als die minimal geforderten fünf Paßpunkte bestimmt sind. Somit kann eine qualitative Aussage über das Endergebnis angegeben werden. Grundsätzlich ist es möglich, ein derartiges Vorgehen für die Eichung einzusetzen. Nachteilig wirkt sich jedoch der große Berechnungsaufwand für die Iterationen aus.

In [7.79] wird ein reduziertes Verfahren zur Eichung in Echtzeit vorgestellt, das durch die Bedingung, daß alle Paßpunkte in einer Ebene liegen, den Berechnungsaufwand wesentlich verringern kann. Durch die Reduzierung der Freiheitsgrade der Objektpunkte und der Annahme eines linearen Linsenverzerrungsfehlers erhält man lineare Terme und ermöglicht eine analytische Lösung. Bei Verwendung von mehr als den fünf unbedingt nötigen Paßpunkten der Eichung kann eine Fehlerreduzierung durch Mittelung erreicht werden. Als innere Parameter müssen die Skalierung in x- und y-Richtung sowie die Hauptpunktkoordinaten vor dem eigentlichen Eichvorgang bestimmt werden. Bevor der eigentliche Eichvorgang dargestellt werden kann, sei auf die Bestimmung des Skalierungsfaktors und des Hauptpunkts eingegangen.

7.4.4.2 Skalierungsfaktor, Hauptpunkt

Unter dem Skalierungsfaktor versteht man in diesem Zusammenhang das Umrechnungsverhältnis zwischen Angaben eines Bildpunkts in Pixelkoordinaten und Millimeterangaben in der Bildebene, d.h. des CCD-Sensorchips. Die Abtastung der Sensorelemente erfolgt in einer bestimmten Abtastfrequenz. Dadurch wird in der Kamera ein analoges Videosignal erzeugt und ausgegeben. Dieses wird durch die Bildverarbeitungskarte erneut abgetastet und digitalisiert, um im Bildspeicher abgelegt werden zu können. Dabei ergeben sich aufgrund von Frequenzunterschieden sowie Synchronisationsverschiebungen horizontale Abweichungen in der Abtastung. Die vertikale Abtastung bleibt davon unberührt, wodurch eine Zeile im Bildspeicher einer Zeile des CCD-Chips entspricht. In horizontaler Richtung hingegen entspricht wegen der unterschiedlichen Frequenzen die Zahl der Sensorelemente SEL nicht der Zahl der Elemente des Bildspeichers PEL. Es ist daher erforderlich, einen Faktor zu bestimmen, der angibt, wie sich der Bildinhalt, aufgenommen in Sensorelementeinheiten, auf die Elemente des Bildspeichers, auf nur die bei der rechnerischen Verarbeitung zugegriffen werden kann, verteilt. Der Faktor beeinflußt die Umrechnung der Pixelangaben in Milimeterangaben und somit die Genauigkeit der Angaben über Bildpunktkoordinaten.

Als Kameras stehen CCD-Kameras der Fa. Pulnix mit einem 6.6 x 8.8 mm (2/3 Zoll) großem Sensorchip zu Verfügung. Auf dem Chip sind horizontal 510 und vertikal je 525 Sensorelemente SEL mit einem Abstand von 17 μm horizontal und 13 μm vertikal aufgebracht.

In [7.79] wird ein Verfahren angegeben, um über eine Fast-Fourier-Analyse eines Bildes das Verhältnis zwischen Sensorabtastfrequenz und Pixelabtastfrequenz zu ermitteln. Als Näherung gilt nach [7.80] für den Skalierungsfaktor das Verhältnis (Sensorelementzahl des CCD-Chip) / (Pixelelementzahl des Bildspeichers). Mit dem in der verwendeten Kamera befindlichen Chip mit 510 Sensorelementen in horizontaler Richtung sowie einem Bildspeicher von 512 Elementen ergibt sich ein Faktor von 0,996, so daß als Bildelementgröße PEL 16,93 μm angenommen werden können. Dieses Ergebnis deckt sich mit einem Wert von 16,5 μm, der durch Vermessung einer bekannten Länge ermittelt wurde.

Fehler in der Bildpunktbestimmung in Millimeterangaben lassen sich durch Verwendung von digitalen Kameras vermeiden, da dort jedem Sensorelement exakt ein Bildspeicherelement zugeordnet werden kann.

Unter dem Hauptpunkt versteht man den gedachten Durchstoßpunkt der optischen
Achse durch die Bildebene. In erster Näherung kann dafür der Bildmittelpunkt angenommen werden. In einem Bildspeicher mit 512 x 512 Elementen ist dies das Element
(256, 256) (Bild 7.37).

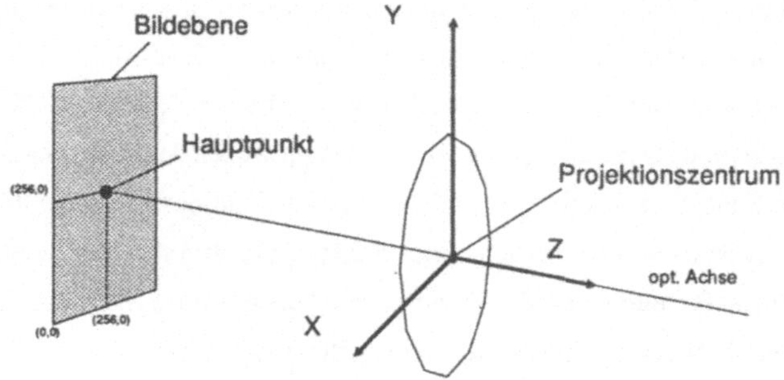

Bild 7.37 Definition des Hauptpunkts

Durch Vermessung des Hauptpunktes kann ein eventuell auftretender Versatz des optischen Systems zur Mitte des Sensorchips korrigiert werden.

7.4.4.3 Betrachtung der idealen Abbildung, erster Schritt der Eichung

Der Eichvorgang wird in [7.79] für jede Kamera getrennt in zwei Schritten durchgeführt. Dazu wird die in Bild 7.38 dargestellte Definition zugrunde gelegt.

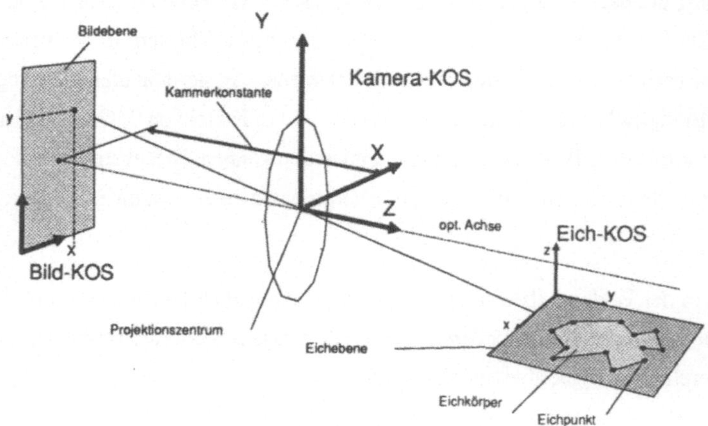

Bild 7.38 erster Schritt der Eichung

Zunächst erfolgt die Bestimmung der Transformation von Eichkoordinatensystem (Eich-KOS) in das Kamerakoordinatensystem (Kamera-KOS). Das Eich-KOS stellt somit das gemeinsame Koordinatensystem der Abbildungssysteme dar und kann als Sensorkoordinatensystem verwendet werden. Zur Durchführung werden mindestens fünf Paßpunkte gefordert.

Die Tranformation zwischen Kamera- und Eichkoordinatensystem ist nötig, um Eich- und Bildpunkte in einem Koordinatensystem beschreiben zu können. Die Eichpunkte werden auf der Eichebene vermessen. Dabei kann das Koordinatensystem beliebig gewählt werden. Die korrespondierenden Bildpunkte werden in den Bildspeichern erfaßt und zunächst im Bildkoordinatensystem in Millimetern angegeben. Eine Transformation von Bild-KOS in das Kamera-KOS geschieht durch einen Translationsvektor, der in z-Richtung die Kammerkonstante und in x, y-Richtung die Lage des Hauptpunktes aufweist. Für die Transformation zwischen Eich-KOS und Kamera-KOS läßt sich die folgende Vorschrift formulieren:

$$
\begin{pmatrix} x \\ y \\ z \end{pmatrix} = \begin{pmatrix} r_1 & r_2 & r_3 \\ r_4 & r_5 & r_6 \\ r_7 & r_8 & r_9 \end{pmatrix} \begin{pmatrix} x_w \\ y_w \\ z_w \end{pmatrix} + \begin{pmatrix} t_x \\ t_y \\ t_z \end{pmatrix}
$$

wobei (x,y,z) einen Punkt im Kamera-KOS, (x_w, y_w, z_w) den identischen Punkt im Eich-KOS beschreibt. Durch die Einschränkung, daß alle Punkte der Eichung in einer Ebene liegen, kann $z_w = 0$ gesetzt werden.

Die zentralperspektivische Abbildung eines Eichpunkts auf die Bildebene ist beschrieben durch: (Bild 7.39)

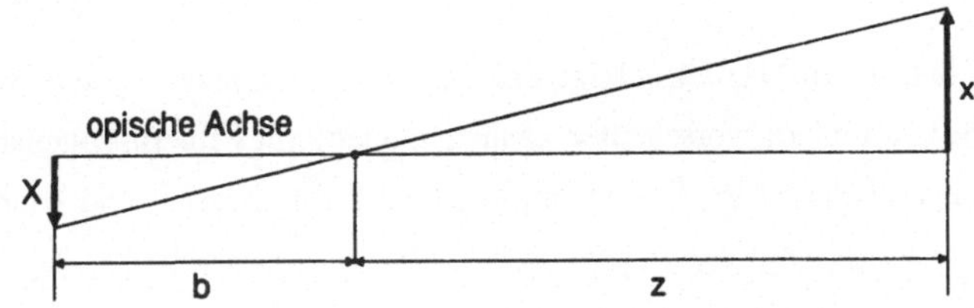

Bild 7.39 Zentralperspektivische Abbildung

$$x_b = b\, x_e/g \quad y_b = b\, y_e/g$$

wobei x_b, y_b den Bildpunkt und x_e, y_e den Eichpunkt, g die Gegenstandsweite und b die Kammerkonstante oder Bildweite angeben.

Damit ergibt sich für jeden Punkt:

$$\frac{X}{Y} = \frac{x}{y} = \frac{x_w\, r_1 + y_w\, r_2 + z_w\, r_3 + t_x}{x_w\, r_4 + y_w\, r_5 + z_w\, r_6 + t_y}$$

Dadurch ergibt sich aus den Gleichungen für alle Eichpunkte ein homogenes Gleichungssystem, für das eine nichttriviale Lösung existiert, falls die Eichpunkte nicht auf einer Geraden liegen. In [7.79] wird der zum kleinsten Eigenwert der Matrix gehörende Eigenvektor als Lösung des Gleichungssystems verwendet. Andere Lösungen sind von dieser linear abhängig und unterscheiden sich nur durch einen Faktor. Weiterhin wird eine Normierungsbedingung definiert. Bezogen auf die Rotationsmatrix ergibt sich folgende Bedingung [7.79]:

$$\left(\left(r_1 + r_2 \right)^2 + \left(r_3 - r_4 \right)^2 \right)^{1/2} + \left(\left(r_1 + r_5 \right)^2 + \left(r_2 + r_4 \right)^2 \right)^{1/2} = 2$$

Als Lösungen des homogenen Gleichungssystems mit fünf bekannten Punkten in Bild- und Eichebene erhält man den linken oberen Teil der Rotationsmatrix und die x- und y-Komponente des Translationsvektors. Über die Eigenschaft für orthonormale Transformationsmatrizen lassen sich die übrigen Koeffizienten berechnen:

$$\text{z.B.} \quad r_3 = \left(1 - r_1{}^2 - r_4{}^2 \right)^{1/2}$$

7.4.4.4 Linsenverzerrungen, zweiter Schritt der Eichung

Mit den bisher ermittelten Werten kann eine ideale Abbildung modellhaft beschrieben werden.

Im zweiten Schritt wird berücksichtigt, daß das Objektiv-Kamera-System nicht streng den optischen Abbildungsvorschriften genügt, sondern mit Fehlern, sogenannten Linsenverzerrungen behaftet ist. Die wichtigsten Fehler sind Kissen- und Tonnenverzerrung.

Diese Verzerrungen werden in Abhängigkeit des Radius berücksichtigt:

$$y = \frac{y_v}{1 + \kappa\, R_v{}^2} \quad ; \quad x = \frac{x_v}{1 + \kappa\, R_v{}^2} \quad ; \quad R_v{}^2 = x_v{}^2 + y_v{}^2$$

mit x, y als Koordinaten im Bildspeicher, x_v, y_v als verzerrten Koordinaten im Bildspeicher sowie den Verzerrungskoeffizienten κ.

Zur Umrechnung der vom Rechner ausgegebenen Pixelkoordinaten x_r, y_r werden die Skalierungsfaktoren S_x, S_y und die Hauptpunktkoordinaten C_x, C_y verwendet:

$$x_r = x_v / S_x + C_x \qquad\qquad y_r = y_v / S_y + C_y$$

Aus den Gleichungen ergibt sich folgendes Gleichungssystem

$$x\, b + x\, R_v^2\, b\, \kappa - x_v\, t_z = x_v\, (x_w\, r_7 + y_w\, r_8)$$

$$y\, b + y\, R_v^2\, b\, \kappa - y_v\, t_z = y_v\, (x_w\, r_7 + y_w\, r_8)$$

mit den Unbekannten b, κ, t_z. Mit Hilfe eines Gauss-Jordan-Algorithmus läßt sich dieses System lösen. Danach können die Kammerkonstante, ein radialer Verzerrungsfaktor und die z-Komponente des Translationsvektors angegeben werden. Durch erneute Anwendung der Eigenschaften für orthonormale Transformationsmatrizen lassen sich Mehrdeutigkeiten von Vorzeichen auflösen.

Der Eichvorgang ist damit abgeschlossen, die Orientierung der Kamerasysteme bezüglich einem Eichkoordinatensystem bekannt, das optische Abbildungsverhältnis und ein radialer Verzerrungsfaktor bestimmt. Zu beachten ist bei dieser Methode der Eichung, daß die Bild- und Eichebene nicht parallel sein dürfen, da sich sonst die Größen t_z und b nicht eindeutig bestimmen lassen.

7.4.5 Genauigkeitsabschätzung

Als Eichkörper wird in [7.79] eine ebene Glasplatte mit aufgedampften kreisförmigen Marken verwendet. Dort wird als Wiederholgenauigkeit der Eichpunktbestimmung 1/60 Pixel angegeben. Dies wird durch die Bestimmung von Kreismittelpunkten als Eichpunkte erreicht, zum anderen ist der Eichkörper auf 1 μm vermessen und gefertigt, so daß auch im Objektbereich eine verbesserte Genauigkeit vorliegt. Für die Eichung werden insgesamt 36 Punkte verwendet. Letztendlich wird als erreichbare Genauigkeit für die z-Koordinate ein Wert von 1/100 mm angegeben.

Da für das Modul "Orientierungsbestimmung" Programme zur Detektion von Eckpunkten bereits vorhanden sind, so daß eine einfache Punkterfassung möglich ist, soll in diesem Ansatz ein sternförmiges Polygon mit markanten Eckpunkten, das auf einen Blatt gezeichnet ist, als Eichkörper verwendet werden (Bild 7.41).

Bild 7.40 sternförmiger Eichkörper

Dabei soll nur die Möglichkeit überprüft werden, ob ein derartiges Verfahren eingesetzt werden kann und welche Einflüsse berücksichtigt werden müssen, um eine hinreichende Genauigkeit zu erhalten.

Der Versuchsaufbau wird durch Hinzunahme einer zweiten Kamera erweitert. Dabei ist die Kamera so an einem Stativ befestigt, daß im Bildausschnitt beider Kameras der Eichkörper ganz enthalten ist.

Die Spitzenpunkte des Polygons werden als Paßpunkte verwendet. Ihre Detektion ist durch die bereits beschriebenen Programme zur Kantendetektion und Polygonapproximierung einfach möglich. Die Punkte werden in beiden Bildern ermittelt und vom Benutzer einander zugeordnet. Die Punkte werden auf dem Blatt bezüglich eines frei gewählten Koordinatensystems, des Eich-KOS, vermessen.

Zunächst werden sechs Punkte verwendet, fünf als Eichpunkte und ein weiterer als Kontrollpunkt. Die Koordinaten dieses Punkts werden als Testdatensatz für die errechneten Werte eingesetzt. Durch zyklische Vertauschung der Punkte wird die Stabilität der Messung anhand der errechneten Brennweite b, der Entfernung Projektionszentrum - Eich-KOS t_z untersucht.

Es zeigt sich, daß die Absolutwerte für b und t_z um mehr als 100% variierten, je nach verwendetem Kontrollpunkt. Das Verhältnis b/t_z schwankt um 15% um einen Mittelwert. Dies ist vor allem darauf begründet, daß durch die eindeutige Bestimmtheit des Gleichungssystems bei Verwendung von fünf Paßpunkten Meßfehler in den Bildkoordinatenwerten starken Einfluß auf das Ergebnis haben. Um dieses Problem zu überwinden, muß die Zahl der Eichpunkte erhöht werden. Damit sich dies auch in der Rechnung auswirkt, muß im ersten Schritt des Eichvorgangs - bei der Lösung des Abbildungsgleichungssystems - die Überbestimmtheit berücksichtigt werden. Auch im zweiten Schritt entsteht eine Überbestimmtheit des Systems.

Durch eine Anzahl der Eichpunkte größer als fünf sind mehr Bestimmungsgleichungen als Unbekannte vorhanden, wodurch ein Fehlerausgleichsverfahren angewendet werden kann. Überlicherweise verwendet man die Methode der kleinsten Fehlerquadrate. Dadurch wird eine Mittelung der Lösung erreicht, so daß sie von einem schlechten Meßwert nur noch geringfügig beeinflußt wird.

Durch die Verwendung von 24 Eichpunkten kann durch Mittelung eine größere Stabilität der Lösung bewirkt wird. Auch bei Hinzufügen oder Entfernen von Eichpunkten veränderten sich errechnete Werte nur geringfügig. Um die Sensitivität des Systems zu überprüfen, wird zunächst eine Berechnung mit Meßwerten durchgeführt. Anschließend werden diesen Werten sowohl im Bildbereich, d.h. den Pixelkoordinaten, als auch im Objektbereich, den im Eich-KOS vermessenen Punkten, Fehler aufaddiert. Im Objektbereich werden Fehler von 1/100 und 1/10 mm untersucht, im Bildbereich Fehler von 1,5 Pixel bei der Paßpunktbestimmung. Deutlich ist dabei zu erkennen, daß schon bei einer Ungenauigkeit von +/- 0,5 mm im Objektbereich die Absolutwerte für die errechnete z-Komponente um +/- 15 mm schwanken. Fehler im Bildbereich von +/- 1,5 Pixel ergeben eine Abweichung der z-Komponente von bis zu 9 mm. Die eingesetzten Fehler entsprechen im Größenordnungsbereich den tatsächlichen Meßfehlern der Objekt- und Bildpunkte. Daher sind ähnliche Fehler in der Abstandsbestimmung zu erwarten. Die Größe der Fehler ist jedoch für eine Anwendung zur Lagebestimmung zu ungenau.

Zusammenfassend läßt sich festhalten, daß mit dem erläuterten Verfahren eine Eichung der Kamerasysteme sowie die Positionsbestimmung eines Objektpunkts möglich ist, jedoch muß ein genau gefertigter und vermessener Eichkörper zur Verfügung stehen. Eine Angabe der räumlichen Position der Bildebenen bzw. der Kamerakoordinatensysteme sowie eine Berücksichtigung von Abbildungsfehlern kann durchgeführt werden. Variationen mit Meßwerten zeigen jedoch, daß das System empfindlich auf Ungenauigkeiten im Bild- und Objektbereich reagiert. Fehler wirken sich wesentlich auf die Positionsangaben aus. Für eine Anwendung des Systems muß daher eine verbesserte Genauigkeit im Bildbereich durch Mittelung über mehrere Pixel, z.B. durch Ermittlung von Kreismittelpunkten von "Eichkreisen" auf dem Eichkörper, wie in [7.79] eingesetzt, sowie im Objektbereich durch eine hochgenaue Meßebene angestrebt werden.

Durch das oben dargestellte Vorgehen ist es ermöglicht, zwei Abbildungssysteme in einem Koordinatensystem zu beschreiben. Die Lage eines Objektpunkts, der sich in beiden Bildern abbildet, kann daher durch das Strahlenschnittverfahren bestimmt werden. Auf der Abbildungsgeraden liegen der Objektpunkt, das Projektionszentrum des Bildsystems und der Bildpunkt. Sind die Transformationseigenschaften des Systems durch die Eichung bekannt, ist auch das Projektionszentrum als Ursprung des Kamera-KOS bekannt. Durch den Bildpunkt und das Projektionszentrum läßt sich eine Abbildungsgerade beschreiben, auf der der Objektpunkt liegen muß. Da sich für beide Kamerasysteme jeweils eine Abbildungsgerade aufstellen läßt, muß der Punkt auf dem Schnittpunkt der Geraden liegen. Da durch die Eichung alle Koordinatenangaben auf das Eichkoordinatensystem bezogen sind, kann auch der Objektpunkt nur in diesem System angegeben werden. Als Paßpunkt muß der imaginär in die Bildebenen abgebildete Volumenschwerpunkt verwendet werden.

Nur im idealen Fall wird durch das Strahlenschnittverfahren ein Schnittpunkt zu ermitteln sein. Durch unvermeidbare Fehler der Eichung können Abbildungsgeraden entstehen, die windschief zueinander liegen und keinen gemeinsamen Schnittpunkt besitzen. Daher ist es sinnvoll, das Strahlenschnittverfahren dahingehend zu modifizieren, daß der Mittelpunkt des gemeinsamen Lotes der Abbildungsgeraden als lokalisierter Objektpunkt verwendet wird.

7.5 Ausblick auf Möglichkeiten der Systemanpassung

7.5.1 Verbesserte Abstandserfassung

Im vorgestellten Konzept zur Lagebestimmung muß von einem angenommenen Objektabstand ausgegangen werden, um Vergleichskonturen eines Modells zu erhalten. Weicht dieser unzulässig stark vom tatsächlichen Abstand ab, treten Fehler in der Bestimmung der Orientierung des Objekts auf. Im folgenden sollen Möglichkeiten zur Reduzierung dieses Einflusses angesprochen werden.

Wie aus Bild 7.41 ersichtlich, ist der durch die Zentralprojektion erzeugte Umriß abhängig von der Objektweite, wobei sowohl die real vorliegende als auch die für die rechnerische Nachbildung verwendete Objektweite gemeint ist. Unterschiede zwischen zwei Konturen sind umso größer, je mehr die Objektabstände differieren, je näher sich das Objekt an der Strahlungsquelle befindet und je kleiner die Bildweite, gegeben durch den Abstand Strahlungsquelle - Detektor, ist. Um daher die Einflüsse der zentralperspektivischen Abbildung zu vermindern, muß eine möglichst große Bildweite angestrebt und das Objekt möglichst nahe am Detektor aufgenommen werden.

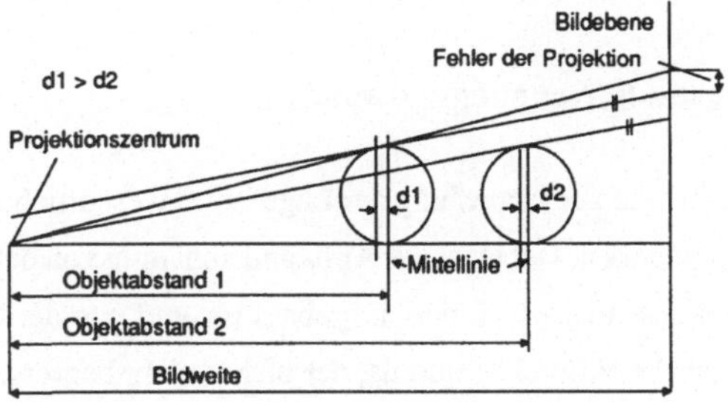

Bild 7.41 Einfluß des Objektabstands auf die Projektion

Der in der Rechnung verwendete Abstand kann als zusätzlicher Parameter in die Optimierung der Projektionslage einbezogen werden. Somit werden nicht nur die Drehwinkel β_1 und β_2 für eine optimal deckungsgleiche Kontur bestimmt, sondern auch der zugehörige Abstand.

Zur Erfassung des Abstands in engen Grenzen können künstliche Marken auf die Haut aufgebracht werden. Diese bilden sich im Röntgenbild ab. Über das Triangulationsverfahren läßt sich eine Abstandsberechnung für die Marken durchführen. Als Marken können z.B Lineale aus Metall mit Haftstreifen aufgebracht werden. Durch günstige Anordnung der Marken an gegenüberliegenden Stellen des Beines kann durch Mittelung der Markenabstände ein tolerierbarer Abstand des interessierenden Objekts ermittelt werden.

Bild 7.42 Ablauf mit vorgeschalteter Abstandserfassung

Eine erhöhte Genauigkeit kann auch eine direkt auf den Femur aufgebrachte Marke erbringen. Dies kann nach dem Öffnen des Wundgebiets durch einfaches Auflegen auf den Femur erfolgen. Nach dem Referierungsvorgang werden die Röntgenaufnahmen zur Bestimmung der Femurlage aufgenommen. Zunächst wird die Marke in den Bildern zur Abstandsermittlung nach dem Strahlenschnittverfahren verwendet. Mit diesem Abstand erfolgt dann die Bestimmung der Orientierung und anschließend die Positionsbestimmung des Objektbezugspunkts, wodurch sich der in Bild 7.42 dargestellte Ablauf ergibt.

7.5.2 Reduzierung des Berechnungsaufwands

Der Berechnungsaufwand zur Ermittlung der Lage ist im wesentlichen durch die Orientierungbestimmung gegeben. Dabei ist der Aufwand abhängig von der Zahl der Elemente, aus denen ein rekonstruiertes Modell aufgebaut ist, und von der Größe des zulässigen Suchbereichs für die Winkel β_1 und β_2, der bisher nicht begrenzt ist.

Da das Bein während der Operation auf dem OP-Tisch liegt und der Patient in Längsrichtung ausgerichtet ist, kann somit eine Einschränkung des Suchraums vorgenommen werden. Denkbar ist auch, durch eine Vorpositionierung des Beins mittels einer geeigneten Vorrichtung eine stärkere Einschränkung des zulässigen Suchbereichs auf 10^0-20^0 zu erreichen.

Durch eine Verringerung der Elementzahl kann auch eine Begrenzung der zur Rekonstruktion verwendeten Schichten ermöglicht werden. Denkbar ist hier, die CT-Aufnahmen an einer markierten Stelle zu beginnen und nur den Femurkopf aufzunehmen. Die Stelle wird auf der Haut markiert und in der Operation durch eine Drahtschlinge ergänzt. Die Schlinge bildet sich in den Röntgenaufnahmen ab und kann durch das bildverarbeitende System zur Begrenzung der relevanten Objektkontur an eben dieser Stelle verwendet werden. Somit sind das zu Verfügung stehende Modell und die auszuwertenden Objektumrisse durch die gleiche Marke begrenzt. Vorstellbar ist eine Reduzierung der für das rekonstruierte Objekt verwendeten Dreiecke auf ca. 1000 - 2000. Zusätzlich kann der zulässige Suchbereich im Merkmalsraum auf etwa 45^0 je für β_1 und β_2 eingeschränkt werden, wodurch sich eine Bearbeitungszeit für die Orientierungsbestimmung von ca. 120 CPU-Minuten errechnen läßt. Zugrundegelegt ist dabei eine Zeit von drei CPU-

Minuten für das CAD-Modell. Eine weitere Verringerung der Rechenzeit kann durch optimierte Algorithmen und leistungsfähigere Rechner ermöglicht werden.

Die Eichung für ein System mit Röntgenbildverstärkern kann vereinfacht werden, da durch den Abstand Strahlungsquelle-Detektor eine feste Kammerkonstante und keine Abhängigkeit von Objektabstand, wie dies bei Kamerasystemen der Fall ist, besteht.

7.6 Referierung des Sensorsystems

Um die durch das Sensorsystem ermittelten Raumpunkte für die Ansteuerung der operationsunterstützenden Maschine verwenden zu können, muß eine Beziehung der Koordinatensysteme hergestellt werden. Eine Darstellung des Sachverhalts ist in Bild 7.43 gegeben.

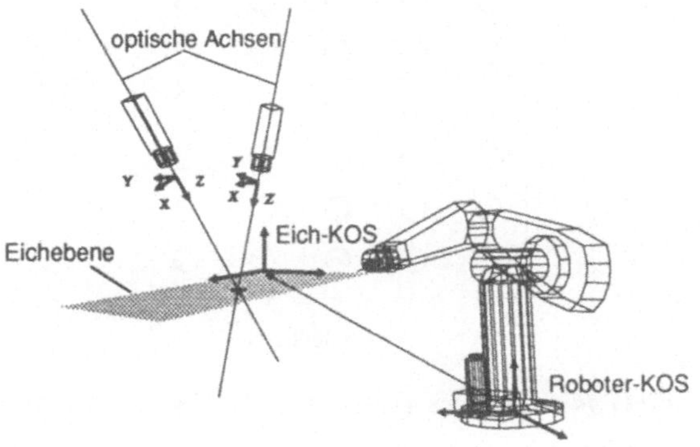

Bild 7.43 Referierung des Sensorsystems zur Maschine

Die im Bild eingetragene Transformation zwischen Eich-KOS und Roboter-KOS kann durch einen Referierungsvorgang ermittelt werden. Dazu wird bei der Durchführung der Eichung der Eichkörper bzw. die Eichebene vom Roboter gehalten. Somit kann die Position des Eichkörpers in Koordinaten des Roboter-KOS angegeben werden. Durch die nachfolgene Eichung werden die Positionen der Kamera-KOS bezüglich des Eich-KOS bestimmt. Dadurch sind alle benötigten Transformationen vorhanden, die eine Beschreibung eines Punktes, der im Strahlenschnittverfahren im Eich-KOS bestimmt wird, im Roboter-KOS ermöglichen.

Da in [7.79] ein echtzeitfähiges Eichungsverfahren dargestellt ist, kann eine mechanische Fixierung von Roboter und Sensorsystem zur Beibehaltung einer ermittelten Referierung entfallen. Vielmehr kann in der Operation das Röntgensystem in eine günstige Aufnahmeposition zum Patienten gebracht und anschließend der Referierungs- und zugleich der Eichungsvorgang durchgeführt werden. Dadurch ist auch eine Verstellung des abbildenden Systems je nach gefordertem Einsatzfall möglich. Es ist keine starre mechanische Einstellung von Sensor und Maschine erforderlich.

Als Voraussetzung muß die Eichung jedoch automatisch durchgeführt werden können. In der Eichebene ist dazu ein automatisch zu identifizierendes Koordinatensystem und nach einem Schema zuzuordnende Eichpunkte vorzusehen. Dafür kann ein in Bild 7.46 dargestellter ebener Eichkörper mit Kreismarken eingesetzt werden.

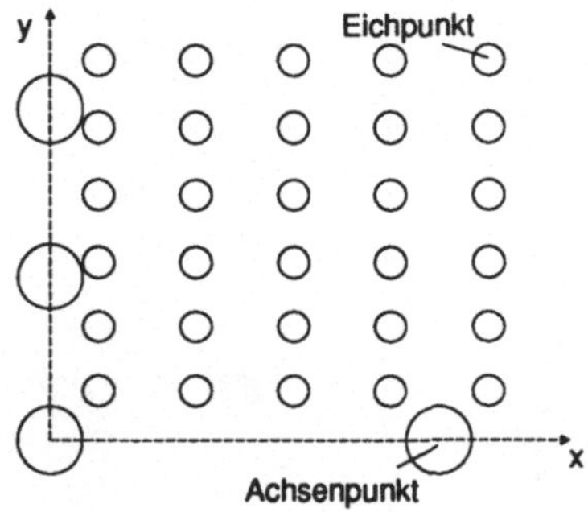

Bild 7.44 automatisch detektierbares Eichkoordinatensystem

Dadurch ist eine durchgehende Transformationskette ausgehend vom Eingriffspunkt, der in der präoperativen Planung am Objekt definiert wird, über den Objektbezugspunkt, der im Sensorkoordinatensystem erfaßt wird, und die Referierungstransformation bis zum Maschinenkoordinatensystem vorhanden. Der operationsunterstützende Roboter kann daher Eingriffspunkte am Objekt anfahren.

Zusammenfassend läßt sich sagen, daß eine Lagebestimmung des Operationsobjekts mit einem nicht-invasiven, auf Röntgenbildverstärkern basierenden System möglich ist. Das vorgestellte Konzept kann grundsätzlich realisiert werden, wie durch verschiedene Module gezeigt ist. Allerdings muß den zeitlichen Anforderungen durch optimierte Algorithmen sowie leistungsfähigere Computerhardware Rechnung getragen werden. Das Zusammenwirken der einzelnen Module sowie die sich ergebende Gesamtgenauigkeit muß überprüft werden. Eine Steigerung der Genauigkeit ist im Bereich der Orientierungsbestimmung durch eine höhere Auflösung, im Bereich der Positionsbestimmung durch Verwendung eines hochgenau vermessenen Eichkörpers zu erzielen. Durch diese Verbesserungen ist zu erwarten, daß ein System zu realisieren ist, das sowohl eine ausreichend genaue als auch ausreichend schnelle Lagebestimmung durch ein nicht-invasives Verfahren ermöglicht.

8. Zusammenfassung und Ausblick

Die vorliegende Arbeit soll die Grundlagen für ein durchgängig rechnergestütztes System zur Unterstützung der Planung und Durchführung von Eingriffen der orthopädischen Chirurgie liefern. Dabei dient die Umstellungsosteotomie als Fallbeispiel. Durch eine Analyse des bisherigen Vorgehens bei der Planung und Durchführung einer Osteotomie werden die Anforderungen an das zu entwerfende System geklärt. Das System soll dabei die rechnerunterstützte Planung durch graphische Computersimulation und die verbesserte Umsetzung der Planungsergebnisse durch Maschineneinsatz beinhalten.

Zunächst kann die Aufgabe in die verschiedenen Bereiche der Rekonstruktion, der Planung und des Maschineneinsatzes gegliedert werden. Aus computertomographischen Aufnahmen werden Objektkonturen extrahiert und zu einem computergraphisch dreidimensional darstellbaren Modell rekonstruiert. Als geeignete Methode wird die Triangulation eingesetzt. Für die Rekonstruktion sind Module zur Trennung von Konturen, zur Erzeugung von Strukturverzweigungen sowie zur Erzeugung der oberflächenbeschreibenden Dreiecke entwickelt worden. Lösungsansätze aus der Literatur wurden dabei diskutiert und gegebenenfalls aufgegriffen. Dabei hat sich ein teilautomatischer Ablauf der Rekonstruktion bewährt, wobei fehlerhafte Ergebnisse interaktiv korrigiert werden können.

Für die Durchführung einer präoperativen Planung können somit Modelle am Bildschirm dargestellt werden. Durch Einbindung in ein vorhandenes universelles Simulationssystem können die erzeugten Oberflächenmodelle in Echtzeit bewegt und aus beliebigen Blickwinkeln betrachtet werden. Ausgehend von der Analyse der bisher im Zweidimensionalen durchgeführten Planung ergaben sich Anforderungen bei einer Planung in drei Dimensionen. Zur simulierten Durchführung einer beispielhaften Osteotomie wurden Module zur Objektmanipulation implementiert. Sie ermöglichen dem Arzt, das Vorgehen für eine optimale Osteotomie zu erarbeiten und das zu erwartende Ergebnis zu beurteilen.

Die Programmgenerierung für eine operationsunterstützende Maschine wird an den rekonstruierten Modellen innerhalb des Simulationssystems durchgeführt. Dabei ist das

Maschinenprogramm auf das jeweilige Objekt bezogen. Eine Anpassung des Programms an die reale Objektlage während der Operation ist dadurch ermöglicht.

Der Einsatz einer Maschine und zu beachtende Randbedingungen werden diskutiert. Eine Abgrenzung des Bereichs für Maschineneinsatz wird durchgeführt. Sinnvoll ist eine Maschine bei einer Umstellungsosteotomie einzusetzen, da es auf die Übertragung von geometrisch vordefinierten Daten ankommt, wobei eine erhöhte Genauigkeit einer Maschine gegenüber dem Arzt zu erwarten ist. Die Teilaspekte werden konzeptionell behandelt, da eine Anpassung an den jeweiligen Einsatzort vorzunehmen ist.

Als wichtiger Punkt beim Einsatz einer Maschine ist die Lagebestimmung des Operationsobjekts in Maschinenkoordinaten hervorzuheben. Verschiedene Lösungsmöglichkeiten werden betrachtet und unter Berücksichtigung der Randbedingungen diskutiert. Eine zweckmäßige Lösung stellt ein nicht-invasives Verfahren dar. Dazu wird ein Konzept für ein Sensorsystem entwickelt. Dabei soll durch Auswertung von intraoperativ aufgenommenen Röntgenaufnahmen unter Verwendung des rekonstruierten Modells eine Lagebestimmung ermöglicht werden. Somit können die in CT-Aufnahmen gewonnenen Informationen auch in der Durchführungsphase der Operation verwendet werden. Erweiterungen am dargestellten Sensorkonzept müssen dahingehend vorgenommen werden, daß die realen Abbildungsverhältnisse eines Röntgenbildverstärkers erfaßt und genauigkeitseinschränkende Einflüsse durch zusätzliche Maßnahmen beseitigt werden.

Der Ansatz der rechnergestützen Planung durch Computersimulation kann in Zukunft auf andere Anwendungsfälle, wie Prothesenimplantation, übertragen werden. Die grundlegenden Objektmanipulationen können angewandt werden. Der Maschineneinsatz kann bei der Operationsdurchführung Vorteile bringen. Die Entwicklung weiterer Techniken der dreidimensionalen Lagebestimmmung durch Auswertung von Bildinformation unter Verwendung eines Modells läßt eine Lösung zur nicht-invasiven Lagebestimmung in Zukunft erwarten.

9. Literatur

1.1 Höhne K.H.: 3D-Bildverarbeitung und Computergraphik in der Medizin, Informatik Spektrum, Springer Verlag, Berlin 1987.

1.2 Herman G.T., Liu H.K.: Three Dimensional Display of Human Organs from Computed Tomograms, Computer Graphics and Image Processing, Vol. 9, 1979.

1.3 Keppel E.: Approximating Complex Surfaces by Triangulation of Contour Lines, IBM Journal of Research and Development, Vol..19,2,1975.

1.4 Brewster L., Trivedi S., Tuy H., Udupa J.: Interactive Surgical Planning, IEEE Computer Graphics and Applications,1984.

1.5 Jääski Y., Kübler O., Exner U.: Analyse von Volumendaten für Diagnostik und Planung operativer Eingriffe am Bewegungsapparat, Informatik Fachberichte, Springer Verlag Berlin 1987.

1.6 Goldwasser S., Reynolds R.: Physicians's Workstation with Real-Time Performance, IEEE Computer Graphics and Applications, 1985.

1.7 Murphy S.B., Kijenski P.K., Simon S., Millis M.: Simulation of Orthopaedic Reconstructive Surgery, Tagungsband CAR'87, Springer Verlag, Berlin 1987.

1.8 Robertson D., Weiss P., Fishman E.: Improved Implant-Bone Fit in Custom Hip Stems Designed from CT-Data, Tagungsband CAR'87, Springer Verlag, Berlin 1987.

1.9 Granholm J.W., Robertson D.D.: Computer Design of Custom Femoral Stem Prothesis, IEEE Computer Graphics and Application, 1987.

1.10 Rhodes M., Kuo Y., Rothman S.: An Application of Computer Graphics and Networks to Anatomic Model and Prothesis Manufacturing, IEEE Computer Graphics and Application, 1987.

1.11 Aggarwal J.K., Y.F.Wang: Surface Reconstruction and Representation of 3D-Scenes, Pattern Recognition Vol.19, 1986.

1.12 Jackins C., S.Tanimoto: Octrees and Their Use in Representing three-dimensional Objects, Computer Graphics and Image Processing, 14, Academic Press 1980.

1.13 Höhne K.H., M. Bomans, U. Tiede, M. Riemer: Display of multiple 3D-Objects sing the generalized Voxel Model, Medical Imaging II Newport Beach Proc. SPIE, 1988.

1.14 Reumann K., Braukhoff J., Semrau H.: Knochenmodelle für die Operationsplanung, CAE Journal, 1987.

1.15 Lipinski H., Bürk P., Struppler A.: Computerized Stereotaxic Neurosurgery, Tagungsband CAR'87, Springer Verlag, Berlin 1987.

1.16 Sakaguchi T.: Percutaneous Puncture with Robot, Department of Urology, Nishinomiya municipal central hospital, Hinyokika-Kiyo 31, 1985.

1.17 Doll J., Schlegel W., Pastyr O.: The Use of an Industrial Robot as a Stereotactic Guidance System, Tagungsband CAR'87, Springer Verlag, Berlin 1987.

1.18 Kwoh Y., Jackhere E., Hayati S.: An Improved Absolute Positioning Accuracy Robot for Stereotactic Brain Surgery, Tagungsband CAR'87, Springer Verlag, Berlin 1987.

1.19 Kwoh Y., Reed I., Shao H.: A New Computerized Tomographic-Aided Robotic Stereotaxis System, Robotics Age, 1985.

1.20 Pauwels F.: Atlas zur Biomechanik der gesunden und kranken Hüfte, Springer Verlag, Berlin 1973.

1.21 Klaue K., Wallin A., Ganz R.: CT Evaluation of Coverage and Congruency of the Hip prior to Osteotomy, Clinical Orthopaedics and Related Research 232, 1988.

1.22 Lafferty C.M., Sartoris D.J., Sutherland D.: Acetabular Alterations in untreated congenial Dysplasia of the Hip: Computed Tomography with Multiplanar Reformation and Three-dimensional Analysis, J. Comp. Assist. Tomogr. 10 (1) 84, 1986.

1.23 Murphy S.B., Kijewski P., Simon S.: Computer-Aided Simulation, Analysis and Design in Orthopaedic Surgery, Orthop. Clin. North Am. 17(4), 1986.

1.24 N.N.: Implantate, Instrumente zur Osteosysnthese und Orthopädie, Schrift der Fa. Aesculap, Tuttlingen 1982.

1.25 Onik G., Cosman E., Wells T.: CT Body Stereotaxic System For Placement of Neddle Arrays, Int. J. Radiation Oncology Boil. Phys., Vol. 13 1987.

1.26 Iseki H., Amano K., Kawamura H.: A New Apparatus for CT-Guided Stereotatic Surgery, Proc. 9th Meeting World Soc. Stereotactic and Functional Neurosurgery, Toronto 1985.

1.27 Chen L.S., G.T.Herman, R.A.Reynolds, J.K.Udupa: Surface Shading in Cubeville Environment, IEEE Computer Graphics and Applications, 1985.

1.28 Artzy E., G.Frieder, G.Herman: The Theory, Design, Implementation and Evaluation of a three dimensional Surface Detection Algorithm, Computer Graphics and Image Processing, Academic Press 1981.

1.29 Gargantini I.: Linear Octrees for fast Processing of three-dimensional Objects, Computer Graphics & Image Processing, 20, 1982.

1.30 Atkinson H., I.Gangantini, M.Ramanath: Determination of 3D-Borders by Repeating Elimination of internal Surfaces, Computing 32, Springer Verlag, Berlin 1984.

1.31 Jackins C., S.Tanimoto: Octrees and Their Use in Representing three-dimensional Objects, Computer Graphics & Image Processing, 14, Academic Press 1980.

1.32 Frieder G., D.Gordon, R.A.Reynolds: Back to Front Display of Voxelbased Objects, IEEE Computer Graphics and Applications, 1985.

1.33 Gargantini I., T.R.Walsh, O.L.Wu: Viewing Transformation of Voxel-Based Objects via Linear Octrees, IEEE Computer Graphics and Applications, 1986.

1.34 Höhne K.H., M.Bormans, U.Tiede, M.Riemer: Display Technique for 3D Tomographic Volume Data, 9.Annual Conference and Exposition NCGA Anaheim California, 1988 .

1.35 Höhne K.H., M.Riemer, U.Tiede: Viewing Operations for 3D Tomographic Grey Level Data, Proc.Int.Symp. CAR '87, Springer Verlag, Berlin 1987.

1.36 Udupa J.K.: Interactive Segmentation and Boundary Surface Formation for 3D Digital Images, Computer Graphics and Image Processing 18, 1982.

1.37 Bomans M., M.Riemer, U.Tiede, K.H.Höhne: 3D-Segmentation von Kernspintomogrammen, DAGM Informatik Fachberichte, Springer Verlag, Berlin 1987.

1.38 Atkinson H., I.Gargantini, M.V.S.Ramanath: Improvements to a Recent 3D-Border Algorithm, Pattern Recognition Vol.18, 1985.

1.39 Capson D.W.: An improved Algorithm for the Sequential Extraction of Boundaries from a Raster Scan, Computer Vision Graphics and Image Processing, 1984.

1.40 Wall K., P.E.Danielsson: A fast Sequential Method for Polygonal Approximation of Digitized Curves, Computer Vision Graphics and Image Processing, 1984.

1.41 Meagher D.: Geometric Modelling Using Octree Encoding, Computer Graphics and Image Processing, 19, Academic Press 1982.

1.42 Tiede U., M.Boecker, Witte, K.H. Höhne: Eine neue Heuristik für die 3D-Rekonstruktion medizinischer Bildsequenzen mittels Triangulation, 7.DAGM Informatik Fachberichte, Springer Verlag, Berlin 1985.

1.43 Fuchs H, Kedem Z.M., Uselton S.P.: Optimal Surface Reconstruction from Planar Contours, Comm. ACM, Vol. 19, 1977.

1.44 Sloan K., Hrechanyk L.: Surface Reconstruction from Sparse Data, IEEE Conf. on Pattern Recognition and Image Proc.,Dallas 1981.

1.45 Christiansen H.N., Sederberg T.W.: Conversion of Complex Contour Line Definitions into Polygonal Element Mosaics, Computer Graphics Vol. 13, Nr. 2, 1978.

1.46 Shantz M.: Surface Definition for Branching, Contour-Defined Objects, Computer Graphics, Vol 15, Nr. 2, 1981.

1.47 Tönnies K., Jackél D.: Automatische dreidimensionale Oberflächenrekonstruktion aus Konturlinien zur Visualisierung von komplexen anatomischen Objekten, Medizinische Informatik und Statistik, Vol. 40, Springer Verlag, Berlin 1983.

2.1 Pschyrembel klinisches Wörterbuch, Berlin, New York, de Gruyter, 1986.

2.2 Rohen J.W.: Funktionelle Anatomie des Menschen, Schattauer Verlag, Stuttgart - New York, 1987.

2.3 Veigel B.: Hüftgelenksprothesen, Thieme Verlag, Stuttgart - New York, 1979.

2.4 Müller M.E.: Operativer Gelenkersatz, Huber Verlag, Berlin - Toronto, 1979.

2.5 Schneider R.: Die intertrochantere Osteotomie bei Coxarthrose, Springer Verlag, Berlin New York, 1984.

2.6 Hees H.:Orthopädie und Traumatologie, Schattauer Verlag, Berlin New York, 1985.

2.7 Bier, Braun, Kümmel: Chirurgische Operationslehre, Band 6 Operationen an Extremitäten, Barth Verlag, Leipzig 1975.

2.8 Häring R., Zilch H.: Lehrbuch der Chirurgie mit Repetitorium, de Gruyter Verlag, Berlin Heidelberg New York, 1988.

2.9 Müller M.E.: Planung einer komplexen intertrochanteren Osteotomie, Z. Orthop. 117, Stuttgart, 1979.

2.10 Kirschner M.: Allgemeine und spezielle chirurgische Operationslehre, Band 10 Teil II, Springer Verlag, Berlin Göttingen Heidelberg, 1956.

2.11 Müller M.E.: Intertrochanteric Osteotomy: Indication, preoperative planning, technique, in Schatzker, J. (ed.): The Intertrochanteric Osteotomy, Springer Verlag, Berlin 1984.

2.12 Sägesser M.: Spezielle chirurgische Therapie, Verlag Hans Huber, Bern 1972.

2.13 Klaue K., Wallin A., Ganz R.: CT-Evaluation of coverage and congruency of the hip prior to osteotomy, Clinical Orthopaedics and Related Research, 1988.

2.14 Adler A.: Höhere Flexibilität von Produktionsanlagen durch Offline-Programmierung von Industrierobotern, ZWF 83, 1988.

2.15 Krestel E.: Bildgebende Systeme für die medizinische Diagnostik, Verlag Siemens AG, Berlin München, 1980.

2.16 Felix R., Ramm B.: Das Röntgenbild, Thieme Verlag, Stuttgart, 1979.

3.1 Gerhard A.: Bewegungsanalyse bei der Codierung von Bildsequenzen, TU München, Lehrst. f. Nachrichtentechnik, Dissertation,1988.

3.2 Kugler J., Wahl F.M.: Kantendetektion mit lokalen Operatoren, Informatik Fachberichte, Bd. 20, Springer Verlag, Berlin 1979.

3.3 Davis L.: A Survey of Edge Detection Techniques, Computer Graphics and Image Processing, 4, 1975.

3.4 Haberäcker P.:Digitale Bildverarbeitung,Carl Hanser Verlag, München, 1985.

3.5 Wahl F.M.: Digitale Bildsignalverarbeitung, Springer Verlag, Berlin 1984.

3.6 Abele L., Kitahashi T., Wahl F.: Ein digitales Verfahren zur Konturfindung und Störbeseitigung bei Zellbildern, Informatik Fachberichte 8, Springer Verlag, Berlin 1981.

3.7 Lücker R., Grundlagen digitaler Filter, Nachrichtentechnik 7, Springer Verlag, Berlin 1980.

3.8 Prewitt J.M. : Object Enhancement and Extraction, Picture Processing & Psychpictures, Academic Press, New York 1970.

3.9 Sherman A., Koss L.: A Method of Boundary Determination in Digital Images of Urothelial Cells, Patt. Recog. Vol.13 No.4, Pergammon Press 1981.

3.10 Ashkar G., Modestino J.: The Contour Extraction Problem with Biomedical Applications, Computer Graphics & Image Processing 7, Academic Press, New York 1978.

3.11 Gonzales R.C., Wintz P.: Digital Image Processing, Addison-Wesley Publishing Company, Massachussetts 1977.

3.12 Marr D., Hildred E.: Theory of Edge Detection, Proc. R. Soc. B 207, London 1980.

3.13 Shaw G.B.: Local and Regional Edge Detectors: Some Comparisons, Computer Graphics & Image Processing 9, Academic Press, New York 1979.

3.14 Pavlidis T.: Algorithms for Graphics and Image Processing, Springer Verlag, Berlin 1982.

3.15 Groch W.D.: Automatisierung der Extraktion linienhafter Objekte aus Grauwertbildern, Universität Karlsruhe Fakultät für Elektrotechnik, Dissertation 1980.

3.16 Pratt W.K.: Digital Image Processing, New York: John Wiley & Sons 1978.

4.1 Pauchon E.: Numérisation et Modélisation Automatique d'Objects 3D, thesis, Universite des Paris-Sud, Centre d'Orsay, 1983.

4.2 Ganapathy S, Dennehy T.: A new Triangulation Method for Planar Contours, ACM Comput. Graphics 16,1982.

4.3 Boissonnat J.D.: Shape Reconstruction from Planar Cross Sections, Computer Vision, Graphics and Image Proc., 44, 1988.

5.1 Denavit J., Hartenberg R.S.: A Kinematic Notation for Lower-pair Mechanisms Based on Matrices, ASME Journ. Appl. Mech. 22, 1955.

5.2 Tauber A., Schuster G.: Robotersimulation - eine CIM-Komponente, Bindeglied zwischen Gestern und Morgen, CAE Journal, 4, 1988.

5.3 Milberg J., Pfrang W.: MTM am Bildschirm, Montage 2, MI Verlag, Landsberg 1989.

5.4 Wrba P.: Simulation als Werkzeug in der Handhabungstechnik, Springer Verlag, Berlin Heidelberg New York 1989.

6.1 Kiese S.,Naumann E.: Roboter im Blickpunkt, VEB Fachbuchverlag, Leipzig 1983.

6.2 Kanz E.: Aseptik in der Chirurgie, Urban & Schwarzenberg, München-Berlin-Wien 1971.

6.3 Heberer G., Köle W., Tscherne H.: Chirurgie, Springer Verlag, Berlin-Heidelberg-New York 1983.

6.4   N.N: Krankenhausinfektionen, Bundesgesundheitsblatt 28 Nr. 9, Heymanns
      Verlag Köln-Berlin-Bonn-München 1985.

6.5   N.N.: Sicherheitstechnische Anforderungen an Bau, Ausrüstung und Betrieb von
      Industrierobotern, VDI-Richtlinie 2853 (Entwurf 1984), VDI-Verlag GmbH,
      Düsseldorf 1984.

6.6   Kemmer K.-H.: Arbeitssicherheit bei Einsatz von Industrierobotern, Die BG 9,
      1984.

6.7   N.N.: Sichere Technik in der Medizin, ein Ratgeber für die Sicherheit medizinisch-
      technischer Geräte, die Medizingeräteverordnung, Bayerisches Staatsministeri-
      um für Arbeit und Sozialordnung, 1986.

6.8   N.N.: Medizinische elektrische Geräte: Allgemeine Festlegung für die Sicherheit,
      DIN VDE 0750 (identisch mit IEC 62A (CO) 24).

6.9   Wienandts W.: Sicherheitstechnische Anforderungen an elektronische Steuerun-
      gen, Die BG, 1980.

6.10 Hölscher H., Rader J.: Mikrocomputer in der Sicherheitstechnik, Verlag TÜV
      Rheinland, Köln 1984.

6.11 Kuhn K., Screiber P.: Arbeitsschutz und neue Technologien, Studie der Bundes-
      anstalt für Arbeitsschutz, Dortmund, 1984.

6.12 Weck M., Schönbohm H.: Sicherheitseinrichtungen für programmierbare Hand-
      habungsgeräte, Schriftenreihe der Bundesanstalt für Arbeitsschutz, Dortmund,
      1985.

6.13 Milberg J., Wrba P.: Robotereinsatzplanung und Offline-Programmierung mit
      USIS, ZWF 81, 9 ,1986.

6.14 Karstedt K.: Positionsbestimmung von Objekten in der Montage- und Fertigungs-
      automatisierung, iwb Forschungsberichte 22, Springer Verlag, Berlin 1989.

6.15 Kirk R.M.: Chirurgische Techniken, Thieme Verlag, Stuttgart 1981.

6.16 Fuchsberger A.: Untersuchung der spanenden Bearbeitung von Knochen, iwb
      Forschungsberichte, Springer Verlag, Berlin 1986.

6.17 Heiß H.: Grundlagen der Koordinatentransformation bei Industrierobotern, Robo-
      tersysteme 2, Springer Verlag, Berlin 1986.

6.18 Duelen G., Bernhard R.: Offline-Programmiersysteme, ZWF 82, 1987.

6.19 Dillmann R., Huck M.: Ein Softwaresystem zur Simulation von robotergestütz-
      ten Fertigungsprozessen, Robotersysteme 1, Springer Verlag, Berlin 1985.

6.20 Onik G., Costello P., Cosman E.: CT Body Stereotaxis: An Aid for CT-Guided
       Biopsies, American Roentgen Ray 146, 1986.

6.21 Glassman E.: IBM-Projekt "Roboter unterstützen Chirurgen", IBM-Pressestelle
       Stuttgart, FAZ 8.8.1988.

7.1   Rosenfeld A.:Digital Image Processing, New York, Academic Press 1988.

7.2   Posch S.: Hierarchische linienbasierte Tiefenbestimmung in einem Stereobild, KI
       GWAI-88, 12. Jahrestagung, Springer Verlag, Berlin, 1988.

7.3   Bernhard L.: Merkmalsbildung mit dem Fourier-Slice-Theorem und einer nichtli-
       nearen Erweiterung, 7.DAGM Springer Verlag, Berlin 1985.

7.4   Lenz R., A.Gerhard: Adaptive geometrische Transformation zur Mustererkennung
       mit Hilfe eines linearen, lokalen Distanzmaßes, 7.DAGM, Springer Verlag,
       Berlin 1985.

7.5   Schärf R.: Modellgesteuerte Lokalisierung von Objekten, 7.DAGM, Springer
       Verlag, Berlin 1985.

7.6   Altmann J., H.Reitböck: Größen-,Rotations- und Translationsinvariante Musterer-
       kennung durch eine schnelle Korrelationsmethode, 7.DAGM, Springer Verlag,
       Berlin 1985.

7.7   Bargel B., A.Ebert, D.Ernst, Symbolische Bildfolgenbeschreibung zur Objektver-
       folgung, 7.DAGM, Springer Verlag, Berlin 1985.

7.8   Dickmanns E.D.: Normierte Krümmungsfunktion zur Darstellung und Erkennung
       ebener Figuren, 7.DAGM, Springer Verlag, Berlin 85.

7.9   Benn E.: Toleranter Vergleich von Strukturen mit erweiterten, nicht normlisierten
       Relationen, 7.DAGM, Springer Verlag, Berlin 1985.

7.10 Eckstein W., S.Haenel: Segmentation und Interpretation von Bildern mit Hilfe at-
       tributiver Graphen, 7.DAGM, Springer Verlag, Berlin 1985.

7.11 Bartneck K.: Symbolische Bildbeschreibung durch Bildgraphen aus verschiede-
       nen Binärbildern, 7.DAGM, Springer Verlag, Berlin 1985.

7.12 Drüe S., G.Hartmann, A.Westfechtel: Beschreibung und Erkennung flächiger
       und linienhafter Objekte in hierarchischem Strukturcode, 7.DAGM, Springer
       Verlag, Berlin 1985.

7.13 Liedtke C.E., M.Ender, M.Heuser: Komponenten eines adaptiven, wissensbasier-
       ten Bildverarbeitungssystem zur Lageerkennung von Objekten, 7.DAGM,
       Springer Verlag, Berlin 1985.

7.14 Burkhardt E.: Methoden der digitalen Signalverarbeitung in der Bildverarbeitung und Mustererkennung, 8.DAGM, Springer Verlag, Berlin 1986.

7.15 Korn A.: Invariante Formbeschreibung in verschiedenen Auflösungsebenen, 8.DAGM, Springer Verlag, Berlin 1986.

7.16 Benn W.: Query by Structur Example, 8. DAGM, Springer Verlag, Berlin 1986.

7.17 Heß H., C.Kordes: Modellgestützte Kontrolle in der Bildanalyse, 8.DAGM, Springer Verlag, Berlin 1986.

7.18 Drüe S., G.Hartmann: Modellgestützte Erkennung hierarchisch codierter Objekte, DAGM, Springer Verlag, Berlin 1986.

7.19 Pugh A.: Processing of binary Images, Robot Vision, Springer Verlag, Berlin 1983.

7.20 Thomason M.G., R.C.Gonzalez: Database Representations in hierarchical Scene Analysis, Progress in Pattern Recognition, North Holland Pub. 1981.

7.21 Dubois S.R., F.H.Glanz: An Autoregressive Modelapproach to twodimensional Shape Classification, IEEE Trans Pattern Recognition, PAMI 8, 1986.

7.22 Paglierani D.W., A.K.Jain: Control Point Transforms for Shape Representation and Measurement, PAMI 8, 1986.

7.23 Asada H., M.Brady: The Curvature Primal Sketch, IEEE Trans Pattern Anal. PAMI 8 1986.

7.24 Stockman G.: Object Recognition and Localisation via Pose Clustering, Computervision, Graphics, Imageproc. 40, 1987.

7.25 Murray D.W.: Modell-based Recognition Using 3D-Shape Alone, Computervision, Graphics, Image Proc. 40, 1987.

7.26 Chien C.H., J.K.Aggarwal: Identification of 3D Objects from Multiple Silhouettes Using Quad/Octrees, Computer Vision, Graphics & Image Processing 36, 1986.

7.27 Mokhtarian F., A.Mackworth: Scale-based Description and Recognition of Planar Curves on Two-dimensional Shapes, IEEE Pattern Analysis 1986 Vol PAMI 8 1/86.

7.28 Koch M.W., R.L.Kashyap: Using Polygons to Recognize and Locate Partially Occluded Objects, IEEE Pattern Analysis,, PAMI 9, July 1987.

7.29 Lin C.C., R.Chellappa: Classification of Partial 2D-Shapes Using Fourier Descriptors, IEEE Trans Pattern Analysis, Pami 9, September 1987.

7.30 Dhome M., T.Kasvand: Polyhedra Recognition by Hypothesis Accumulation,
IEEE Trans Pattern Analysis, Pami 9, 1987.

7.31 Horand P.: New Methods for Matching 3D Objects with Single Perspective
Views, IEEE Trans Pattern Analysis Vol.9, May 1987.

7.32 Gu W.K., J.Y.Yang, T.S.Huang: Matching Perspective Views of a Polyhedron
Using Circuits, IEEE Trans Pattern Analysis, Pami 9, May 1987.

7.33 Povill J., T.P.Pridmore, J.B.Bowen: TINA: 3D Vision System for Pick and
Place, Image and Vision Computing, Vol.6, Nr. 2, Butterworth & Co., 1988.

7.34 Wang F., A.Mitchui, J.K.Aggarwal: Computation of Surface Orientation and
Structure Objects Using Grid Coding, Trans. on Pattern Analyzation and
Machine Intelligence, PAMI 9, No. 1, 1987.

7.35 Aggarwal J.K., L.S.Dovis, W.N.Martin: Survey: Representation Methods for 3D
Objects, Progress in Pattern Recognition, North Holland, 1981.

7.36 Aggarwal J.K., Y.F.Wang: Analysis of a Sequence of Image Using Point and
Line Correspondances, IEEE Conf. Rob. 1987.

7.37 Henderson T.C., E.Weitz, C.Hansen: CAD-Based Robotics, IEEE Conf.Rob.
1987.

7.38 Kak A.C., A.J.Vayda, R.L.Cromwell, W.Y.Kim, C.H.Chen: Knowledge Based
Robotics, IEEE Conf.Rob. 1987.

7.39 Bilbro G.L., W.E.Snyder: Linear Estimation of Object Pose from Local Fits to
Segments, IEEE Conf. Rob. 1987.

7.40 Bolles R.C., P.Horand, M.J.Hannah: 3DPO: A Three Dimensional Part Orientation System, Robotic Research, MIT Press, 1984.

7.41 Faugeras O.D., M.Hebert,E.Fanchon,J.Pouce: Object Representation, Positioning
and Identification from Range Data, Robotics Research 1984.

7.42 Shirai Y., K.Kochikama, M.Oshima, K.Ikeuchi: An Approach to Object Recognition Using 3D-Solid Models, Robotics Research 1984.

7.43 Krause P.B., R.Freytag, W.Hattich: Modellgesteuerte Bildanalyse zur Erkennung
und Positionsvermessung übereinanderliegender Werkstücke, Roboter Systeme,
Springer Verlag, 1/1985.

7.44 Radig B., Schlieder: Modellierung symmetrischer Werkstücke, Robotersysteme,
Springer Verlag, 1985.

7.45 Dreschler L.S., V.Haerslev: Konzeption für ein BV-System zur Lösung des Korrespondenzproblems bei Stereobildfolgen im Rahmen einer komfortablen ADA Programmierumgebung, Roboter Systeme, Springer Verlag 1985.

7.46 Neumann B.,B.Radig: Erfassung räumlicher Daten aus Mehrfachansichten, Informatik Fachberichte, 14. GI-Tagung, DAGM Braunschweig, 1984.

7.47 Stesami F., J.Uicker: Automatic Dimensional Inspection of Machine Part Cross-Sections Using Fourier Analysis, Computer Graphics, Vision and Image Processing (29) 1985.

7.48 Suk M., H.Kang: New Measures of Similarity Between Two Contours Based on Optical Bivariate Transforms, Computer Graphics, Vision and Image Processing (26) 1984.

7.49 Neumann B.: Identifikation und Verfolgung von Objekten anhand nicht perfekter Konturen, DAGM, Springer Verlag, Berlin 1978.

7.50 Triendl E.: Modellierung von Kanten bei unregelmäßiger Rasterung, DAGM, Springer Verlag, Berlin 1978.

7.51 Abele A., C.Lange: Konturfindungsalgorithmen und ihre Anwendung auf dem Gebiet der medizinischen Bildverarbeitung, DAGM, Springer Verlag, Berlin 1978

7.52 Stiehl H.: Automatische Verarbeitung von cranialen Computer-Tomogrammen, DAGM, Springer Verlag, Berlin 1978.

7.53 Frichtjohann H.: Vergleich von linearen Rekonstruktionsverfahren in der Computertomographie mit statistischen Methoden, DAGM, Springer Verlag, Berlin 1978.

7.54 Kraasch K., B.Radig, W.Zach: Automatische dreidimensionale Beschreibung bewegter Gegenstände, DAGM, Springer Verlag, Berlin 1979.

7.55 Foith J.P.: Eine Sensorkonfiguration aus einem modularen System für den Griff auf ein bewegtes Förderband, DAGM, Springer, Berlin 1979.

7.56 Warnecke H.J., Keferstein C.P.: Modellgestützte Bildverarbeitung in der Fertigungstechnik, Robotersysteme 2, Springer Verlag, Berlin 1988.

7.57 Rao S.S.: Optimazation, Theory and Applications, Wiley Eastern, New Dehli Bombay Calcutta, 1984.

7.58 Jacob H.G.: Rechnergestützte Optimierung statistischer und dynamischer Systeme, Springer Verlag, Berlin 1982.

7.59 Press W.H., Flannery B.P., Teukolsky S.A.: Numerical Recipes, The Art of Scientific Computing.

7.60 Warschat J.: Dynamische Optimierung technisch-ökonomischer Systeme, Springer Verlag, Berlin Heidelberg New York 1981.

7.61 Meschkowski H.: Mathematisches Begriffswörterbuch, Mannheim, 1972.

7.62. Diess H.: Rechnerunterstützte Entwicklung flexibel automatisierter Montageprozesse, Springer Verlag, Berlin Heidelberg New York 1988.

7.63 Künzi H.P., Krelle W., von Randow R.: Nichtlineare Programmierung, Springer Verlag, Berlin Heidelberg New York, 1987.

7.64 James F.: Function Minimazation, Proceedings of the CERN Computing, Springer Verlag, Berlin Heidelberg 1979.

7.65 Schwefel H.P.: Numerical Optimization of Computer Modells, Wiley & Sons, New York 1981.

7.66 Vanderplaats G.N.: Numerical Optimization Techniques for Engeneering Design, McGraw Hill, 1984.

7.67 Krug W.: Rechnergestützte Optimierung für Ingenieure, VEB Buch Verlag Technik, Berlin 1981.

7.68 Fritzsch K.: Visuelle Sensoren, Akademie Verlag, Berlin 1987.

7.69 Baur C., Beer S.: Bildanalyse mit Hilfe von CAD-Modellen, Robotersysteme 5, Springer Verlag, Berlin 1989.

7.0 Charniak E, McDermott D.: Introduction to Artifical Intelligence, Addison Wesley Publishing Co., 1985.

7.71. Marr D., Poggio T.: Cooperative Computation of Stereo Disparity, Science, Vol. 194, 1976.

7.72 Eric W., Grimson L.: Computational Experiments with a Feature Based Stereo Algorithm, A.I. MEMO 762, MIT 1984.

7.73 Mayhew J., Prisby J.: Artificial Intelligence, IEEE TRans. on Pattern Analysis and Machine Intelligence, PAMI 3, 1981.

7.74 Blostein S., Huang T.: Error Analysis in Stereo Determination of 3D-Point Position, IEEE Trans. on Pattern Analysis and Machine Intelligence, PAMI 9, 1987.

7.75 Mansbach P.: Calibration of a Camera and Light Source by Fitting to a Physical Model, Computer Vision Graphics and Image Processing Vol. 35, 1986.

7.76 Bowman M., Forrest A.: Transformation Calibration of a Camera Mounted on a Robot, Image and Vision Computing Vol.5, 1987.

7.77 Kim Y., Aggarwal J.K.: Finding Range from Images, Lab. for Image and Signal Analysis, IEEE, 1985.

7.78 Kraus H.: Photogrammetrie 1 & 2, Däumer Verlag, Bonn 1980.

7.79 Lenz R.: Linsenfehlerkorrigierte Eichung von Halbleiterkameras mit Standardobjektiven für hochgenaue 3D-Messung in Echtzeit, Proc. 9. DAGM-Symp. Braunschweig, Springer Verlag, 1987.

7.80 Lenz R.: Zur Genauigkeit der Videometrie mit CCD-Sensoren, DAGM Proc. 10, Symp., Springer Verlag ,1988.

7.81 N.N.: Röntgeneinrichtungen für den OP, Siremobil 4H/4N/4K fahrbare Röntgenbildverstärkergeräte mit digitaler Technik, Siemens Aktiengesellschaft, Bereich Medizintechnik, Erlangen 1988.

7.82 Magnus K., Müller H.: Grundlagen der Technischen Mechanik, Teubner, Stuttgart 1979.

iwb Forschungsberichte

Berichte aus dem Institut für Werkzeugmaschinen und Betriebswissenschaften
der Technischen Universität München

Herausgeber: Prof. Dr.-Ing. J. Milberg

---

1 Streifinger, E.
Beitrag zur Sicherung der Zuverlässigkeit und Verfügbarkeit
moderner Fertigungsmittel
1986. 72 Abb. 167 Seiten, ISBN 3-540-16391-3 — 68,- DM

2 Fuchsberger, A.
Untersuchung der spanenden Bearbeitung von Knochen
1986. 90 Abb. 175 Seiten, ISBN 3-540-16392-1 — 68,- DM

3 Maier, C.
Montageautomatisierung am Beispiel des Schraubens mit
Industrierobotern
1986. 77 Abb. 144 Seiten, ISBN 3-540-16393-X — 68,- DM

4 Summer, H.
Modell zur Berechnung verzweigter Antriebsstrukturen
1986. 74 Abb. 197 Seiten, ISBN 3-540-16394-8 — 68,- DM

5 Simon, W.
Elektrische Vorschubantriebe an NC-Systemen
1986. 141 Abb. 198 Seiten, ISBN 3-540-16693-9 — 68,- DM

6 Büchs, S.
Analytische Untersuchungen zur Technologie der Kugelbearbeitung
1986. 74 Abb. 173 Seiten, ISBN 3-540-16694-7 — 68,- DM

7 Hunzinger, I.
Schneiderodierte Oberflächen
1986. 79 Abb. 162 Seiten, ISBN 3-540-16695-5 — 68,- DM

8 Pilland, U.
Echtzeit-Kollisionsschutz an NC-Drehmaschinen
1986. 54 Abb. 127 Seiten, ISBN 3-540-17274-2 — 68,- DM

9 Barthelmeß, P.
Montagegerechtes Konstruieren durch die Integration
von Produkt- und Montageprozeßgestaltung
1987. 70 Abb. 144 Seiten, ISBN 3-540-18120-2 — 68,- DM

10 Reithofer, N.
Nutzungssicherung von flexibel automatisierten Produktionsanlagen
1987. 84 Abb. 176 Seiten, ISBN 3-540-18440-6 — 68,- DM

11 Diess, H.
Rechnerunterstützte Entwicklung flexibel automatisierter
Montageprozesse
1988. 56 Abb. 144 Seiten, ISBN 3-540-18799-5 — 73,- DM

12 Reinhart, G.
Flexible Automatisierung der Konstruktion
und Fertigung elektrischer Leitungssätze
1988, 112 Abb. 197 Seiten, ISBN 3-540-19003-1   73,- DM

13 Bürstner, H.
Investitionsentscheidung in der rechnerintegrierten Produktion
1988, 77Abb. 190 Seiten, ISBN 3-540-19099-6   73,- DM

14 Groha, A.
Universelles Zellenrechnerkonzept für flexible Fertigungssysteme
1988, 74 Abb. 153 Seiten, ISBN 3-540-19182-8   73,- DM

15 Riese, K.
Klipsmontage mit Industrierobotern
1988, 92 Abb. 150 Seiten, ISBN 3-540-19183-6   73,- DM

16 Lutz, P.
Leitsysteme für rechnerintegrierte Auftragsabwicklung
1988, 44 Abb. 144 Seiten, ISBN 3-540-19260-3   73,- DM

17 Klippel, C.
Mobiler Roboter im Materialfluß eines flexiblen Fertigungssystems
1988, 86 Abb. 164 Seiten, ISBN 3-540-50468-0   73,- DM

18 Rascher, R.
Experimentelle Untersuchungen zur Technologie der Kugelherstellung
1989, 110 Abb. 200 Seiten, ISBN 3-540-51301-9   73,- DM

19 Heusler, H.-J.
Rechnerunterstützte Planung flexibler Montagesysteme
1989, 43 Abb. 154 Seiten, ISBN 3-540-51723-5   73,- DM

20 Kirchknopf, P.
Ermittlung modaler Parameter aus Übertragungsfrequenzgängen
1989, 57 Abb. 157 Seiten, ISBN 3-540-51724   73,- DM

21 Sauerer, Ch.
Beitrag für ein Zerspanprozeßmodell Metallbandsägen
1990, 89 Abb. 166 Seiten, ISBN 3-540-51868-1   78.- DM

22 Karstedt, K.
Positionsbestimmung von Objekten in der Montage-
und Fertigungsautomatisierung
1990, 92 Abb. 157 Seiten, ISBN 3-540-51879-7   78,- DM

23 Peiker, St.
Entwicklung eines integrierten NC-Planungssystems
1989, 66 Abb. 180 Seiten, ISBN 3-540-51880-0   73,- DM

25 Wrba, P
Simulation als Werkzeug in der Handhabungstechnik
1990, 125 Abb., 178 Seiten, ISBN 3-540-52231-X   78,- DM

26 Eibelshäuser, P.
Rechnerunterstützte experimentelle Modalanalyse
mitells gestufter Sinusanregung
1990, 79 Abb., 156 Seiten, ISBN 3-540-52451-7   78,- DM

Die Bände sind im Erscheinungsjahr und in den folgenden drei Kalenderjahren
zu beziehen durch den örtlichen Buchhandel
oder durch Lange & Springer, Otto-Suhr-Allee 26-28, D-Berlin 10